冷艳捕手
蛇 与 人 类 文 明

〔美〕德雷克·斯图特斯曼◎著　沈汉忠◎译

清華大學出版社
北京

北京市版权局著作权合同登记号　图字：01-2021-4873

图书在版编目（CIP）数据

冷艳捕手：蛇与人类文明 /（美）德雷克·斯图特斯曼著；沈汉忠译.— 北京：清华大学出版社，2022.2

ISBN 978-7-302-60098-5

Ⅰ.①冷…　Ⅱ.①德…　②沈…　Ⅲ.①蛇—普及读物　Ⅳ.①Q959.6-49

中国版本图书馆CIP数据核字（2022）第023463号

责任编辑：肖　路
封面设计：施　军
责任校对：欧　洋
责任印制：杨　艳

出版发行：清华大学出版社
　　　　　网　　　址：http://www.tup.com.cn, http://www.wqbook.com
　　　　　地　　　址：北京清华大学学研大厦A座　　邮　　编：100084
　　　　　社 总 机：010-83470000　　　　　　邮　　购：010-62786544
　　　　　投稿与读者服务：010-62776969, c-service@tup.tsinghua.edu.cn
　　　　　质量反馈：010-62772015, zhiliang@tup.tsinghua.edu.cn
印 装 者：三河市东方印刷有限公司
经　　销：全国新华书店
开　　本：130mm×185mm　　印　　张：5.75　　字　　数：115千字
版　　次：2022年3月第1版　　　　　　　印　　次：2022年3月第1次印刷
定　　价：49.00元

产品编号：087966-01

目 录

导　言　1

第一章　活蛇　11

第二章　神话蛇　27

第三章　毒蛇　87

第四章　可食用的蛇　113

第五章　宠物蛇　122

第六章　时尚领域的蛇　129

蛇的时间线　178

致谢及其他　180

导　言

嘶嘶嘶——

你听到蛇发出的嘶嘶声了吗？如果你听到这种声音，各种情绪总会涌上心头，毕竟每个人对蛇都有自己的看法。艾米莉·狄金森在一首关于无毒的吊袜蛇的诗中是这么说的：

> 每当我遇到这个小家伙，
>
> 无论是独自一人或有人陪伴，
>
> 我总感到呼吸急促、骨子里冒着寒气。

一位年轻的宠物主人热情地宣称"蛇让我快乐"，还有一位阿巴拉契亚蛇贩子在教堂里抓着一条蛇说："这是欢乐的源泉。"把上述场景和艾米莉的诗进行对比，我感觉自己进入了另一个世界。

在当今各族文化中，蛇都拥有一席之地。用蛇药来祛除风湿缓解疼痛，饮蛇血以提升阳刚之气，用蛇胆增强人体的免疫系统，炫耀长着尖牙的蛇文身。参加一年一度的美国得克萨斯州响尾蛇节，你会看到成千上万条响尾蛇被困住然后被杀死，最后做成各种工艺品。在印度参观历时三天的眼镜蛇节，即焦特布尔的纳嘉潘查密节（Naag

1927 年，拿着宠物蛇的女学生。

Panchami），你会发现表演者认为眼镜蛇毒液并没有毒。而在澳大利亚，那里的土著会警告你，那些看似平静的水池里都有巨大的水蛇守卫着。在网络电视媒体或柏林、马尼拉、拉斯维加斯的俱乐部中，都能看到女孩与巨蟒共舞的场面。去美国的圣洁会教堂，看着人们手里拿着活的铜头蛇祈祷。参加意大利的游蛇节，当地人以基督的名义游行，或者观赏霍皮族祭司用牙齿叼着响尾蛇跳一整天的祈雨舞蹈。

这些都是流传至今的节日活动，每一个都有古老的起源，尽管有些源头已不可考。你也许会对蛇在人类文化中拥有如此丰富的内涵而感到惊奇，但其中的缘由很容易就猜得到。蛇是一类有着异域情调的生物：它们有着美丽的花纹，它们的动作十分性感，它们的肌肉发达而原始，它们

灵活的身手令人敬畏，它们的毒液出奇地诱人。它们的颜色五彩斑斓，从烈焰般的红色、橙色、黄色到充满活力的绿色、白色和夹杂着黑斑的泥褐色都有。它们的纹路犹如涟漪，细看则满眼是颜色鲜艳的菱形、条纹、渐变色和斑点。蛇在人类的潜意识中潜伏得如此之深，以至于它们成为了最具象征意义的动物。从冰河世纪到今天，人类社会各行各业都能找到它们的身影。从心理学和艺术角度来看，蛇是欲望的化身。在童话和史诗中，它们则是超自然的存在。在宗教里，蛇是道德的象征。在电影里，蛇以可怕的形象示人。在民间故事里，蛇是奇闻的主角。在军队里，蛇让人联想到魔法。在服装业，蛇是令人兴奋的元素。在料理中，蛇是诱人的原材料。在命名、文身、徽章、传说、纪念品和药方中都能看到蛇的身影。人们普遍对蛇存在恐惧，导致它们遭受了无数的迫害。与其他被捕杀的动物不同的是，几乎从来没有哪条法律会保护蛇的权益。蛇总是让人陷入永恒的蛇形阿拉伯花纹。

极端的恐惧或崇敬的情绪中，即使是在那些从来没有见过真正蛇的人也是如此。它们蜿蜒前行的姿态和令人眼花缭乱的图案十分迷人，但它们尖尖的毒牙、鬼鬼祟祟的爬行方式和牢不可破的缠绕令人胆寒。蛇为什么如此令人着迷？原因有很多，既有字面上的，也有心理上的。作为一种动物，蛇是演化成功的代表。它们有着灵活的适应能力和令人羡慕的效率，可以说地球上每一种环境都能找到与之相适应的蛇。它们的体温是环境的温度。它们在液体或固体表面上都能轻松自如地前行。它们能够适应各种地貌——河流、海洋、沙漠、森林、丛林、山地等，常见于树枝、洞穴、岩石、沙子和流水中。它们以优雅敏捷的姿态缠绕出任何形状。它们有的比手指还细，有的却粗壮如树干。最小的蛇在几秒钟内就能让人中毒，最大的蛇可以挤死一头牛或吞下一头猪。大多数蛇都是对人类有益的，它们控制着啮齿动物、昆虫和其他害虫的数量。有些蛇则很危险，它们的毒液能够在一小时内致死猎物，并且其毒液中包含能够让肉质腐化的物质，你绝不会想看到这样的场面。

蛇的这套原始系统，已经运作了1亿多年，堪称基因工程的奇迹。蛇的嗅觉来自它们的舌头，声音则是通过身体传导的。蛇并没有眼皮，取而代之的是一片薄膜，而它们的视网膜有着类似于变焦镜头的功能。蛇通过起伏的肌肉来推动自己前进。蛇会蜕皮。蛇会断尾。蛇只有一个肺。蛇能在沙子下呼吸。蛇还能看到红外线。蛇张开嘴能容纳比它大很多倍的身体。蛇每次进食后需要消化数月。雄蛇在几天内可能只和1条雌蛇交配，也可能和50条雌蛇交配。蛇是卵生动物，并且能够自我克隆。蛇的阴茎和阴蒂是分叉的。蛇在子宫里的性别是由热量决定的。如果感到害怕，蛇会自发性地出血，或者装死。

了解蛇拥有的这些特质后，我们很容易理解为什么其他生物无法像蛇一样，能够让人类产生如此矛盾的情感或如此多样的联想。事实上，只要人类还在地球上生存一天，蛇被人崇拜、辱骂、珍视、视为图腾、折磨和收集的命运就不会终止。自人类开始通过寓言理解自然世界，蛇就被赋予了各种特质，包括能够死而复生、充满智慧、拥有神圣的母性、全知全能、带来末日灾厄、口是心非，以及隐喻男性阉割后的焦虑情绪，等等。芬德利·罗素（Findlay Russell）是专门研究蛇和毒液的知名专家。他提出了一个很有趣的论点，即毒液极其可怕的效果是导致人类对蛇崇拜和仇恨的根源。当然，毒液是让蛇与其他物种区别开来的特征，但人类对蛇的神秘迷恋包含了更多的元素。

民俗传说中的故事总是让人沉醉其中。数千年来，生活在不同国家和地区，信仰不同宗教的人们都对蛇十分迷恋。蛇一度被认为是无所不能的生物。从创世神话中的先祖，到末日决战哈米吉多顿中的毁灭者，再到民间传说，乃至弗洛伊德记述的诸多奇闻，人们赋予了蛇丰富的内涵。在东方，人们常把龙与蛇混为一谈，二者都是变化与重生的象征。亚洲蛇也许难逃负面形象，但蛇能入药，又是美食的原料，而且象征着"性"福生活和财运亨通。在西方，蛇的形象常在两个互相矛盾的事物间摇摆，如恶棍和圣贤、失败者和胜利者、医生和怪物，甚至是阴茎和阴道。而人们对这些象征符号的多重解释，让蛇的形象变得更加疑云重重。

但在迷雾之下，我们仍然能找到蛇最初形象的些许线索。纵观历史，无论人类怎样描绘、诋毁乃至挪用蛇的形象，人类的想象力似乎也无法摆脱蛇的束缚。蛇在世界各地的形象不仅出奇地一致，而且都和宏大的主题有关，如

医药、抽象概念、危险信号，而时间则是其母题。人们认
为时间是无限而连续的，它是动作的过程集合，是观念的
具象化，是不朽的象征，是无处不在的物质，也是流动的
艺术能量。时间始于旧石器时代，最初是生命或者水的源
头，后来成为史前世界的创造者，并在几千年的时间里逐
渐演化成关于自然万物本质的哲思。在亚洲和非洲，蛇大
体上保留了它古老的韵味。但到了古典时代晚期，西方蛇
的独特韵味逐渐丧失，退化成神秘或邪恶的象征。这种形
象过渡一直持续到21世纪。然而有研究表明，人们对蛇
的内涵也有着不同的理解。且不谈对蛇的种种诋毁，我们
仍然能够从蛇的体内感受到原始宇宙的能量。即使到了今

天，古代蛇的种种象征仍然在科学和艺术领域中迸发出创造性的火花。

　　关于巨蛇的神话有很多版本，彼此有着错综复杂且相互矛盾的联系。如今的读者很难理解这些矛盾，它们是几个世纪变化的产物，体现了古代哲学对对立统一的理解。这些传说在细节上多少有些出入，但无论是厌恶蛇还是崇拜蛇的故事，其主旨却十分一致，始终贯穿着对蛇的敬仰。其中一些传说尤为动人。

　　有两条"蛇"分别是创造性思维和抽象思维的崇高象征。两万年来它们的象征意义从未改变。这两条"蛇"便是乌洛波洛斯（Uroboros）和"S 形蛇"（Serpentine line）。两者都是由很简单的图形构成，却包含着十分复杂的哲思。乌洛波洛斯始于史前时代，其形象是一条咬着自己的尾巴卷成圆圈的蛇，有着"无限永恒"的象征意味。而源自阿拉伯的"S 形蛇"花饰，最早也见于史前时代。"S 形蛇"

8

蜿蜒前行的身姿，透着一股流动的，无法阻挡的巨大能量。二者都是当今社会的流行符号。

19世纪90年代的某个晚上，诺贝尔奖得主、化学家弗里德里希·奥古斯特·凯库勒（Friedrich August Kekule）梦见了乌洛波洛斯，醒来后便想到了苯环的分子结构。他生动地描述了这段经历：

> 我看到一条条长长的分子……像蛇一般扭来扭去……突然其中一条"蛇"咬住了自己的尾巴，在我眼前嘲讽似的旋转着。我仿佛被一道闪电惊醒，之后整晚都在研究这个分子结构假设的可能性。

凯库勒觉得，自己与这个符号的联系仿佛打开了一道通往远见和智慧的感知之门，他补充道："让我们学会做梦吧，先生们，也许这样我们就能学到真理。"

即使在19世纪一位欧洲科学家的潜意识里，这条蛇的形象和几千年前也没什么不同。凯库勒脑海中这条扭曲的环形蛇，蕴含着永恒的闪光，近在眼前的真理，以及突破常规的灵光乍现。这些都是象征蛇最常见的品质，无论其形象出自美洲印第安人、印度教徒、基督徒、原住民还是炼金术士。这本书想要展现的是，尽管蛇的形象是多元的，但它对人类思想有着深刻的影响，以至于它原初的力量仍然在今日社会的方方面面有所体现。"S形蛇"那代表时间流逝的蜿蜒身躯，是如此迷人，又如此让人心旷神怡。从上古时代到今天，几乎每一个画着蛇的图案都以蜿蜒的形象示人。

一条暗色蛇。这是一条爪哇瘰鳞蛇。引自 19 世纪 60 年代的奥地利两栖动物图册。

第一章　活蛇

作为一个原始物种，蛇在地球上已生活了上亿年。蛇凭借着那强健的身躯，对温度、地形等环境要素有着超乎寻常的适应性。这使得它们能够在任何地方生活，除了少数极端寒冷的地区。

我们至今尚未完全掌握蛇的演化路径，但已有化石表明，它们是从 1.8 亿年前侏罗纪时代的蜥蜴演化而来的。这一猜想的证据，源自原始盲蛇和蟒蛇骨骼中仍然可见的退化骨盆。随着蛇演化出钻洞的能力，它们便逐渐摆脱了笨重而多余的四肢。获得敏捷身姿的它们从此便在地下过着不受干扰的隐秘生活。在阿根廷发现的一块化石，可以追溯到大约 1 亿年前的中生代，当时的蛇已经在地面滑行了。中生代的三个时期——三叠纪、侏罗纪和白垩纪——发生了物种大爆炸。在三叠纪，地球只有一块盘古大陆，而水覆盖了 3/4 的表面积。位于南半球的盘古大陆是如今亚洲、欧洲、非洲、澳大利亚和美洲大陆的前身。在侏罗纪早期，盘古大陆分裂为北部的劳亚古陆和南部的冈瓦纳古陆，而后者是蛇最初扩张的地方。尽管古大陆上有一些哺乳动物（如啮齿类），但那里仍然是一个爬行动物的世界。

有着细长的身体、敏锐的感觉器官、极短的四肢和小小的眼睛，白垩纪时期的蛇开启了属于它们的篇章。始于 1.3 亿年前的白垩纪，是一个全球大变革的时代。随着气候逐渐变冷，鱼龙、霸王龙和其他恐龙相继灭绝，为幸存下来的海龟、蛇、鳄鱼、蜥蜴等爬行动物开拓了生存空间。现代动物从此便成为舞台的主角。无论是哺乳动物还是海洋生物，都演化得越来越复杂。此后，两块古大陆又陆续分裂出更多陆块。海岸边形成一片片沼泽地。像木兰和山茱萸花开花落，而山毛榉、无花果树、榆树、柳树和橡树茁壮成长的地方，日后则成为了美洲大陆。野草遍布世界各地。这时出现了两种至今仍存在的蛇——筒蛇和蟒蛇。

蛇的演化路径很奇怪——蜥蜴演变成了穴居蜥蜴，穴居蜥蜴变成了穴居蛇，穴居蛇又变成地表蛇。但正是在 2300 万年前的"蛇时代"，蛇的种类开始迅速扩张。到了上新世，蛇已经在演化树上独立成枝了，这一分化的完成时间比最早出现的古人类早了近 200 万年。这个叫作"露西"的原始人，以她独特的骨架而闻名于世。露西身高 1米，是一个直立行走的南方古猿，其遗骸在埃塞俄比亚被发现，生活在距今大约 350 万年前。她的物种与智人相似，但并非智人的分支。露西的身高只有现代人类的一半多一点，身上还长满体毛，会使用棍子和燧石。在露西生活的时代，蛇和我们今日的认知已经没有太大区别了。它们的主要特征已近乎完美，只需要些许修改。

蛇大致可分为三个亚目：盲蛇亚目（Scolecophidia）、原蛇亚目（Henophidia）和新蛇亚目（Caonophidia）。还有

12

种分类方法是通过蛇的牙齿来判断：原始的蛇长着整齐而钝圆的牙齿，而靠近现代的蛇往往长着有毒的尖牙。盲蛇亚目包含的蛇看起来都很原始。该目包含 300 种蛇，统称为盲蛇，是一群像蠕虫一样的地洞生物，头部特征不明显，眼睛凹陷到沉重的头骨中，小得几乎看不见，长着少许牙齿。（关于这种吃虫子的蛇有一个冷知识：它们与鸣角鸮的关系。鸣角鸮会把盲蛇带到自己的巢穴里除虫，并把蛇留在巢里，直到幼鸟长大。）闪鳞蛇也是原始的一类蛇。它们的头部轮廓较为模糊，能够像盲蛇一样打地洞，但它们也会像蟒蛇那样缠绕猎物，是一种有点复杂的动物。众所周知的蟒蛇、蚺蛇都是大型原始蛇类，有着轮廓分明的头部和整齐的牙齿。它们会把猎物缠绕致死，然后像其他蛇一样整个吞下去，但这个过程并不容易。捕猎行动会让它们伤痕累累，而消化需要很长时间，在此期间它们会变得行动迟缓，脆弱不堪。因此蟒蛇一年只进食两到四次。相较而言，毒蛇能够迅速出击、撤退和消化食物，因此没有这些烦恼。新蛇亚目除了上述提到的，还包括以下几个科：蝰科（Viperidae），如锯鳞蝰、鼓腹咝蝰、响尾蛇和原矛头蝮；眼镜蛇科（Elapidae），如眼镜蛇、曼巴蛇、珊瑚蛇、环蛇和太攀蛇；以及游蛇科（Colubridae），主要包括一些无毒无害的蛇，如束带蛇、王蛇和草蛇，但也有致命的非洲树蛇。

　　每一个科都有尚未发现和已经灭绝的物种。由于捕杀、污染和栖息地破坏，目前有近 200 种蛇濒临灭绝。也许还有很多种蛇尚未被发现。

19世纪德国版画
中，描绘了原产于
中欧的蛇。

人们往往认为蛇这样古老的生物有着较为简单的生理结构，但实际上蛇的生理结构不仅复杂，还很奇特，其中一些特性至今尚未有科学的解释。蛇是冷血动物，只有一个肺，有着敏锐的嗅觉，会蜕皮，依靠振动捕获声音。此外，蛇还有一些很有意思的特性，比如体形差异很大——蚺蛇体重可达250千克，而最轻的细盲蛇只有3克。能力也各不相同，有的会自发性出血、有的能够克隆后代、有的能够在沙子下面呼吸，还有的能够分泌成分复杂的毒液。即使是双头蛇也并不罕见，许多动物园里都见得到。它们其中的一个头控制身体，而另一个头并不需要照料。

蛇的寿命通常在10~50年，但我们很难知道其确切年龄。和鲨鱼、海龟这类原始生物一样，我们也没有任何手段能够检测蛇的年龄。蛇不像人类那样长白头发，行动既不会变慢，也不会显得衰老虚弱。就某种程度而言，时间

14

之于蛇的意义也很极端。正如宇宙蛇的传说往往围绕着时间展开一样，自然界的蛇在时间层面上也是十分独特的存在。与其他动物不同，蛇是一种既"快"又"慢"的动物。一方面，有些蛇的攻击速度高达 35 千米每小时，超过人眼所能捕捉的范围，它们注入的毒液能在几分钟内摧毁猎物的神经或血液循环系统。它们能灵活地依靠腹部前行，速度可达 14 千米每小时。可另一方面，蛇的消化过程非常缓慢。有些蛇 1 年只吃 1 次（圈养蛇的最高纪录是 3 年没有进食！），有些蛇在交配后过了两年才怀孕，而蛇的群交可以持续数周。蛇一年中往往 2/3 的时间都在冬眠，它们的感官演化适应也很奇特。蛇有着非常灵敏的嗅觉，但它们并非通过鼻子闻味道。相反，嗅觉源自它们的雅克布逊器官，一个充满液体的小洞，位于口腔内的上腭。该器

2002 年，一位西班牙农民发现的双头蛇。

15

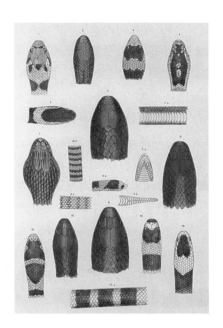

官与舌头共同探测气味——舌头不断地从口鼻部的一个小
开口进出，而舌头的末端分叉从空气中捕捉气味分子。虽
然我们不清楚气味信息的传输机制，但无疑这套系统非常
有效。即使在蚂蚁离开一周后，蛇也能闻到蚂蚁的气味。

　　蛇几乎听不到声音，但能通过下颌肌肉感受来自地面
的振动。这些振动波通过镫骨传导到内耳，镫骨是一种松
散地附着在颅骨下面的信号发射器。有新研究表明，蛇的
肺似乎也能"听"到声音——蛇的肺部在过滤噪声方面也
有作用。

　　蛇无法闭眼，因此它们的眼睛上覆盖着一层透明的
眼膜。蛇的视力极佳，它们的视网膜能像变焦镜头一样伸

缩（包括人类在内的其他物种，都是向内调节视网膜形状的）。有些蛇还有高科技装备，能够通过鼻尖的红外传感器感知温度。这种独特的器官叫作唇窝，位于鼻孔和眼睛之间，常见于蝮蛇。这个器官能感知温度，并且能在潮湿而黑暗的环境中精准定位猎物。许多巨蟒和部分蟒蛇都有唇窝，一个位于上唇上方的垂直开口。蛇的单肺有各种各样的奇妙功能，尤其是水蛇和沙蛇。所有的蛇都会游泳，它们生活在海洋、河流和沼泽地带，有的十分危险，有的则人畜无害。像环蛇这样的柔软的海蛇，用薄膜封住鼻孔，可以在水下憋气30分钟。它们的单肺包含两个中空的腔室，能够储存氧气。盐水从舌头下的腺体排出，避免了盐水的腐蚀作用，从而使体内的盐浓度低于海水的盐浓度。有些沙蛇能够在沙子下面呼吸。

所有的蛇都是食肉动物，以捕食猎物为生。为了生存，尤其是被囚禁的状态下，蛇会主动缩胃来降低食欲，这一过程持续数月至几年。进食的时候，蛇会张开两侧和前面

一幅16世纪的海蛇和其他海洋动物的匿名画。

假想出来的蛇和鳄鱼的战斗。引自17世纪90年代的博物学家玛丽亚·西比拉·梅里安对苏里南野生动物的研究著作。

的颚骨以吞食比它们的头大得多的猎物。蛇的颚骨分成4块，彼此松散地连接在包围着大脑的封闭头骨上。这种结构使它们在吞下整只猎物时，能够让韧带连接的颚骨彼此分离，从而张开血盆大口。蛇吞咽猎物需要6小时，在此期间它们通过一个延伸到嘴前面的特殊管道保持呼吸。猎物身上坚硬的部分，如蛋壳或者蹄子，之后会被蛇吐出来。世界各地有许多关于巨蛇进食的故事传说。拉丁美洲的民间有不少关于牛马被水蟒吃掉的故事，非洲也有情节类似的巨蟒传说。在2700种蛇中，已知最长的蛇可以长到9米，但民间关于长蛇的可疑记录不止于此。20世纪初，英国探险家珀西·福塞特坚称他杀死了一条18米的蚺蛇。在巴西，有人表示自己看到过24米长的蛇，甚至声称这条蛇在爬过的地面留下了一条2米宽的痕迹。2004年，印度尼西亚一家动物园大肆宣扬一条15米长的蟒蛇，一时间成为了当地的头条新闻，但最后发现这不过是个骗局。这条蛇只有6.5米长。然而，有些记录还是值得留意的，比如一只成年豹在一条 5.5 米长的岩蟒的胃里被发现。

　　蛇的生殖器隐藏在体内，当它们感受到配偶时就会被激活。在寻找配偶时，雄蛇特殊的犁鼻器会检测到雌蛇背部微小腺体散发出的信息素。雄蛇和雌蛇见面后，先相互缠绕并敲击彼此头部，然后进行交配。当它们的尾巴扭在一起时，雄性的两根"半阴茎"——从里向外翻的叉形阴茎——展开后，其中一根进入雌性的泄殖腔，即半阴蒂或叉形阴蒂的位置。蛇的群交数量最高可达 50 条，这种行为被称为"滚球"（balling），而蛇在"球"中可停留长达 4 周的时间。但即使是成群冬眠的蛇，往往也是由单一性别构成的。蛇在冬眠前后进行交配，雄蛇会像编绳一样互相缠绕，彼此推搡来争夺雌蛇。许多种蛇在交配前都会进行这样的舞蹈。蛇在交配时很少相互撕咬。墨西哥的民间传说把激烈的交配过程演绎得十分浪漫：响尾蛇在交配前会很有礼貌地去掉它们的尖牙，这样就不会对彼此造成伤害。

　　蛇的这些特性已经足够让人惊讶了，但温度对蛇的影响更让人称奇。温度是影响蛇生活方式的关键因素，它决定了蛇有怎样的身体构造、技能和性别。

　　虽然蛇的适应能力很强，但它们其实很脆弱，并且它们这套非凡的生理系统必须在特定条件下才能运作。它们能够适应的环境温度为 4~38℃。高低几摄氏度的变化都会让成年或者幼年蛇死亡。蛇摸起来柔软而温热，并不像通常认为的那般冷冰冰。作为变温动物，蛇从外部吸收热量，这是一种非常经济节能的方式，有点类似于太阳能电池板。它们在阳光下取暖，在阴凉处或水中降温，以保证体温在

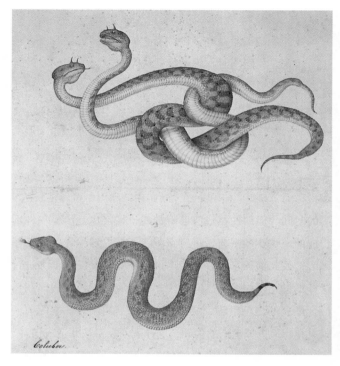

正常范围。正因为如此，蛇在不同的血液循环区域的血压也有差异，这又是一个独特的生理机制。遇到气温较低的年份，蛇一年中 8 个月都在冬眠。有的是独自冬眠，有的则聚成一窝，其中也许包含好几个物种。蛇还有另一个特性和温度有关：性别。环境温度高产生雄性，温度适宜则产生雌性。

　　无论是孵化还是克隆产生的蛇，它们生下来就能活动。至少有两种盲蛇能够孤雌生殖，幼蛇直接在母体内产生。有些蛇是胎生的，其后代生下来就能活动。但大多数

20

（大约占物种数量的 3/4 ）的蛇是卵生的。这是因为胎生的蛇在怀孕期间十分脆弱（蛇在怀孕时很少觅食），而产卵是更安全的生产后代的方式。理论上来说，所有的蛇都是卵生的，因为胎生蛇通常生活在气候较冷的地区，要筑一个温暖的巢可不容易，所以它们选择把卵留在体内保温。幼蛇在体内"孵化"，因而生下来就能活动。卵在几周到几个月内发育成熟，之后母蛇便把卵产在浅滩或地下，并用草叶覆盖，起到伪装和保温的作用。蛇卵呈白色，椭圆形，手感近似皮革。幼蛇依靠鼻头上的破卵齿破开卵壳。由于蛇大体上是独居生物，刚出生的幼蛇就得自食其力，甚至幼年毒蛇已经能够用毒牙咬猎物了。大多数情况下，母蛇产卵后就会自行离开，哪怕这些卵要很久才能孵化。南非树蛇的卵需要 6 个月才能孵化，但雌蛇产卵后便抛下卵离开了。相比较而言，巨蟒产卵后（有时一窝多达 100 枚）会用身体把卵卷成一堆，而头则在卵堆上方。尽管孵卵可能需要 3 个月，但雌蛇在这段时间会一直保持这个姿势，只是偶尔外出喝水。为了让卵的温度保持稳定，雌蛇有时会用身体摩擦产热，有时又会盘得松一些，让冷空气进来。但并非所有蛇的卵都需要几个月才会孵化，有些种类的蛇，如光滑的青蛇，在几天内就能孵化出幼蛇。

幼蛇出生十天内就会第一次蜕皮，之后每两到三个月蜕一次，以适应不断长大的身体。在这段脆弱而危险的时期，幼蛇会尽可能地躲藏起来，此时覆盖在它们眼睛上的透明薄膜会变成乳白色，这意味着它们的新皮肤已经准备好了。当眼睛再度变清澈时，身上的旧皮逐渐松弛，之后

19世纪一幅描绘胎生蛇生产的插画：蛇卵躺在子宫里，之后幼蛇直接从子宫内出生。

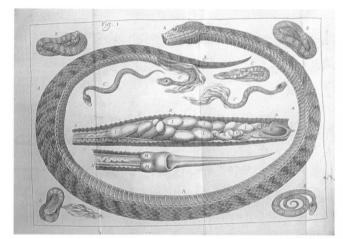

刚破壳的白化缅甸蟒蛇。

水蟒花纹。

表皮像丝袜一般脱离身体，露出一层有光泽的新皮。即使是深海里的蛇也会通过在水面上翻滚来蜕皮。

虽然蛇皮看起来色泽鲜艳，但这些色彩只是为了让自己更好地融入鲜绿的树叶、阳光照射的海浪或斑点岩石的环境中，从而尽可能地保护自己。患有白化病的个体虽然也较为常见，但没有保护色的它们往往过早夭折。有些蛇会伪装成其他蛇的颜色：毒蛇往往有着鲜艳的警告色，比如包含鲜红、黄色和黑色带状条纹的珊瑚蛇，就有许多冒充它们颜色的"山寨货"。除了依靠颜色伪装之外，蛇还有其他防御的绝招。有些蛇能够断尾，但和蜥蜴不一样的是，蛇的尾巴断了以后就再也长不出来了。有些蛇会仰面瘫倒在地面上，张大嘴巴装死，甚至眼镜蛇也会这么做。有些蛇会以头部为核心卷成一个非常紧密的球。有些蛇会

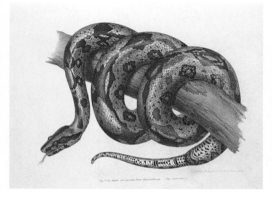

左上，一条盘在树枝上的蟒蛇。引自19世纪60年代的两栖动物图册。

右上，细鞭蛇的明亮花纹。

珊瑚蛇独特的警告色。

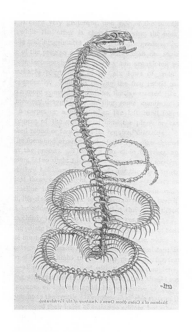

蛇复杂而灵活的骨架。引自 19 世纪 60 年代英国出版的《脊椎动物解剖》。

用粪便涂抹自己，或从尾巴上的腺体散发出一种类似于麝香的恶臭气味。还有的蛇会突然全身流血，以此来吓唬捕食者。而有些蛇会用声音警告对方，比如响尾蛇。

速度是蛇的另一个传奇故事。尽管蛇有着多达 400 块椎骨，但蛇的移动速度很快。有的蛇以 S 形曲线前行，这种运动方式需要网格状的肌肉不断伸缩，类似于不断开合的手风琴，只是每次"开合"都会变换和地面的接触点。还有一种运动方式是"侧弯"（side-wind）。这种方式需要不断变化身体重心，呈波浪状横移，蛇通常用这种姿势快速穿过类似沙漠这样炎热的地表。即使是看起来很迟钝的蛇也会突然高速移动。拉丁美洲的蚺蛇是世界上体形最大水蟒正在吞食一只小鹿。

的蛇，别看它们体重那么大，这种蛇能够像雷霆一般前进。

不愧是造物主的杰作！这些没有四肢、身体构造简单而柔软的生物，其生活方式却处处充满了神秘。这些生理特性已足够令人惊讶了，但蛇承载的象征内涵远超其他物种，而神话中的蛇展现出多样而极致的天赋，远超现实中蛇的能力范围。

第二章　神话蛇

在欧洲、非洲、美洲、澳大利亚和亚洲的神话中，蛇是宇宙中最强大的力量，有人尊其为世界的创造者，也有人贬其为世界的毁灭者。蛇象征着女性和男性、太阳和月亮、好运和厄运、救世主和魔鬼、混乱和秩序、死亡和生命、幸福安宁和破败腐朽。蛇的神话往往围绕着时间、水、女神、复活、性活力、树木、健康、黄金、邪恶、沟通和原始力量等主题。在远古和史前时代，蛇就是造物主本身。它们是宇宙的动力，是无所不在的能量，是神的化身，世人的领导者。对古希腊人来说，蛇来自于冥府。对中美洲的玛雅人来说，蛇则是幻象。对南非班图人来说，它们是 chikonembo——死者在现世的化身；对斯威士兰人来说，它们是 emadloti——往来于生死之间的使者。美国的霍皮人和五旬节派基督徒仍然通过蛇与神沟通。尼日利亚人仍然会向他们的蛇先祖祈求保佑。神秘主义者则把通灵世界称为"星蛇"。

蛇也许是人类历史上第一个象征符号。在尼安德特人的定居点发现的 Z 形线条，可能象征的是水，但由于这个图像后来成为了宠物蛇的标志，把它解释成蛇也说得通。世界各地的上古神话，几乎无一例外地将象征时间的蛇同生命的本质联系起来：蛇是原初之水，是这种水产出的长生不老药；是创始者和世界创生的原始动力；是超度亡灵升天的使者。在宇宙蛇无所不能的事迹中，我们大体可以看到两类功能：引导或阻拦。引导蛇是连接异世界的桥梁：它们能够展现尘世到神界、生命到死亡、低级到高级的跨度。阻拦蛇则会乐此不疲地阻挠上述过程。无论是引导还是阻拦，蛇都在人类的成长过程中扮演着关键的角色。

蛇多样的象征，虽然看起来彼此矛盾，但其内涵却是统一的。在古典时期，象征的对立统一远超今人的想象。对立概念的耦合在史前社会非常普遍，如生死、水火等。在这种充满辩证哲学的宇宙论中，对立的事物并非两个极端，而是推动宇宙运转的摩擦力。没有它们的存在，万事万物皆为死寂。在许多宗教中，蛇是宇宙协同运转的化身。公元前 6 世纪，古希腊哲学家赫拉克利特斯将宇宙的变化形容为一条对立统一的蛇。这种阐释相互关系的哲学也许是蛇另一项神迹的基础：复活。复活，或者说将死者转化为生者，是对立事物统一的时刻，在死亡降临的时刻（与其对立面相冲突），生命就此诞生。蛇时常作为复活的象征出现在历史的长河中。而蛇的时间属性，也让时间突破了线性的束缚，成为各种奇妙变化的维度。在原始神创论及其衍生理论"精神重生"中，蛇架起了生与死的桥梁，同时也把死亡渲染成了一种概念。

随着社会的发展，统治权力的转移，以及无数神话被增添细节、遗忘、重述、翻译和引进，蛇的象征意义变得越来越复杂，它的矛盾不再是简单的黑与白，对立的界限越来越模糊。蛇神话的迷人之处在于，其包含的混杂概念中，似乎每一种元素都无法被完全抹杀。一种文化中的概念往往以稀释后的新形态出现在另一种文化中，有时二者相隔数百年。几个世纪以来，这些观念随着人口迁徙被带到新的地方，被机会主义者重新阐释，或者被自命不凡的人全盘否定。然而即使到了今天，我们仍然能看到古典时期蛇的统治留下来的遗产。蛇仍然被人崇拜。蛇仍然象征着生育。蛇还是魔鬼的化身。蛇仍然代表时间。蛇仍似水。蛇还是连接往生的桥梁。在远古时代，蛇是宇宙涨落的主宰。数世纪以来，它们默默地支持着无数形而上学的理论。即使在今天，许多彼此对立的事物，其转化、变化和融合的过程仍然残存着蛇的象征。一百年前凯库勒在梦中的灵光一现不过是这种象征的瞬间展示。

这些看似离奇的含义是有内在逻辑的。蛇蜕下来的皮肤象征着不朽的生命；蛇在地表和地下穿梭，象征着跨越尘世的能力，这也表明它们掌握了死亡的秘密。蛇致命的毒液模仿了超自然的力量，成为一种邪恶的存在；而利用毒液制作的解毒剂，使蛇同时具备杀戮和治愈两种属性，成为对立统一的完美展现；蛇没有四肢却能绝处求生，往往给人莫大的精神鼓励；蛇展现出的姿态是如此优雅动人；而蛇吞噬猎物的血盆大口则是诅咒或复活的传送门；蛇的高速移动、缠绕的巨大力量和雷霆一般的袭击都是蓬勃生命力的展现；蛇在各种动作中的灵活性显示出其对身体的掌控力；它们卷曲的身体如同螺旋线，象征着宇宙的漩涡和无尽的永恒；蛇流动的身体和其运动的轨迹，共同诠释了律动的精髓。蛇那原始而皮实的身体结构，以及上述所有特质，毫无疑问让蛇成为了宇宙的化身。

　　在神话中，蛇作为宇宙的化身可分为两个阶段：第一个阶段是史前和上古时代，蛇作为一个整体，有着千变万化的才能；第二个阶段则是古代和现代的蛇，其宏伟的形象往往被隐藏起来，或者被分解成特定的品质。但很明显，原始蛇的本体论影响着今天的社会。

宇宙蛇

　　宇宙蛇是时间的化身。在旧石器时代，宇宙蛇代表着季节变迁，而在史前时代，宇宙蛇扮演的是创世者的角色，并且经过持续的演化，衍生出了各种各样的创世哲学。在最早的故事版本中，蛇是以水作为具象的连续时间的化身，生命从这里开始，生命在这里延续。作为今天最广为人知的蛇符号，乌洛波洛斯是最早表达这一含义的蛇。就像时间会不断吞噬过去一样，乌洛波洛斯每时每刻都在吃自己的尾巴。宇宙蛇的概念在非洲唯灵论、欧洲炼金术、佛教、印度教以及古希腊和埃及宗教中都有提及，并且总是与永恒联系在一起。这一形象可以追溯到旧石器时代，当时时间这个概念第一次被通过宇宙学术语描述出来。母系文化很可能始于旧石器时代，因为人类发现的 2.5 万多年前的第一件描绘神的艺术作品，其形象便是一位女神。而生活在圣水、洞穴、树木、山脉和地下蜿蜒的蛇，是女神最重要的使者。这种信仰一直持续到大约公元前 4000 年。

　　埃里希·纽曼（Erich Neuman）在《大母神》（*The Great Mother*）中主张，以乌洛波洛斯形象示人的蛇充分体现了大母神的"神圣的圆"。她怀孕的肚子是一个包容万象的宇宙，是毁灭和创造的融合，也是超度的载体。这条乌洛波洛斯蛇代表了多维时间的概念，包含时间的内部、外部、下部、上部和"过程的过程"，创造了最具象征意义的概念，即共同创生的宇宙中的"神秘参与者"。亚历山大·马沙克（Alexander Marshack）在研究史前文化的著作——《文明的起源》（*The Roots of Civilization*）中认为，约公元前 4000 年，在社会中出现的先进科学、艺术、法律和宗教起源于旧石器时代晚期的部落，当时的人类对时间已有基本认识，这一点从计数系统和工具制造就能看出来，而他们的作品也体现出对艺术典范的追求。乘着新生的创世神话，宇宙蛇诞生于这种广泛的意识中。

蛇很少出现在洞穴壁画中，但在欧洲出土的文物中有蛇的身影。其中一些是长条状的蛇骨模具，有切割和烙印的痕迹，部分文物在末端有一个小洞，看起来是人工磨出来的，似乎表明它们是代代相传的工具，但事实并非如此。马沙克认为，这些骨头是带有点和线装饰的日历，可以追踪至少 6 个月的月相。一些赭石可能是萨满的仪式用具。其他文物则描绘了神话中的场景。其中一件有 15 000 年历史的文物，是一条笔直丰满的蛇，有着皮肤纹路和分叉的舌头，在植物和宽眼鸟头之间滑行。马沙克认为，鸟和蛇连接了天空和大地，如果怀孕的蛇和雏鸟同时出现，就会激发春天的生育能力。另一件文物是一块蚀刻的骨头，上面有水平线标记，描绘了一条巨大的蛇漂浮在一个寥寥数笔刻画的男性人物后面，该男性的肩上扛着一根树枝。马

在法国发现的、创作于约公元前15 000年的刻在骨头上的旧石器时代的蛇，可能象征着季节变迁。

沙克指出，这些反复出现的树枝/植物图案往往与"仪式化或象征性"的蛇有关，并且"在许多仪式或神话中有相应的作用"。蛇/树枝/植物的这种组合一直延续到古典时期。其中最突出的莫过于《圣经》中的蛇和使人分辨善恶的智慧之树。

虽然洞穴壁画中少有蛇的身影，但波浪形、之字形或蛇形线却十分常见。而抽象的蛇形线，最早出现的地方就是洞穴壁画。一块12 000年的古代牌匾、一块在欧洲发现的小驯鹿骨头，都展现了以蛇为主题的象征性的标志。牌匾上的线条可能是通过交错书写产生的，换行时应从连接处开始阅读而非从头开始。文头标记似乎从左侧开始，下一行则是从右往左读。再下一行又变为从左往右，依此类推。这种文字的阅读方式如同蛇形线一般，阅读时眼睛不需要跳转。这些标记也许记录了月相。然而，标记中间的隔断似乎代表了春分/秋分和夏至/冬至。马沙克因此得出结论，这件文物既是阴历，也是阳历。

这个关于交错书写方式的猜想，能够推导出一个大胆的结论。在蛇有着重要象征意义的时期，出现一个类似蛇的形象，其重要性不言而喻。可以说这种书写方法产生的意象是在模仿宇宙蛇。鉴于此后的宇宙学几乎都用蛇来代表宇宙，因此这件文物可能是我们已知的最早展现宇宙蛇概念的作品。在塔伊牌匾上，蜿蜒的线条穿过标志着太阳和月球越过天空的记号，优雅地表达了"延续"的概念。这种 S 形排列的文字，将时间呈现为季节性结构，展示了时间在人们脑海中的观念。它将时间、宇宙学、科学、艺术和蛇有机地结合起来，甚至超越了之后诞生的以蛇为主题的文学记载。

原始混沌

这段充满想象力的历史甚至早于原始混沌蛇的史诗神话，后者大约在 5000 年前开始在世界各地出现。蛇的自然特征，很容易让人联想到长生不老、行动迅捷和超度的隐喻，从而使它们成为两个古老意象的代表。其中一个意象是原初之水或混沌，通常表现为一条巨大的蛇，而万物混杂在其中，无法分离。生死无界，一切皆有可能。另一个意象是万物的能量之源，能够将可能性转化为现实。这些概念经过数千年的演化，有的变得愈发深奥（如昆达里尼训练，一种瑜伽流派），而有的概念在政治的影响下（如战争神话，下文会讨论），向着简化的方向发展，但它们都是象征蛇的一部分。

无论是明示还是暗示，神话中的宇宙蛇的性别并不固定，也许是雄性和雌性的中间态，也许是两种神的叠加态，只是其中一方的历史更为久远罢了。通常雄蛇有一个雌性的前身；有时雌蛇会被赋予雄性气质，使它们成为与男性英雄旗鼓相当的对手。这种性别分层在早期哲学中处于核心地位。人类学家玛丽娅·吉姆布图斯（Marija Gimbutus）是新石器时代研究的先驱，她认为在新石器时代，"雄性和雌性并非泾渭分明。相反，雄雌的力量融为一体，是赋予自然生命力的必要条件"。有人认为，这种融合并不完备，使得雄蛇沦为为雌蛇子宫服务的生育工具。尽管纽曼将时间人格化的乌洛波洛斯视为宇宙的起源，以及雌性创世者的杰出象征，但他和神话学家约瑟夫·坎贝尔（Joseph Campbell）都把蛇视为创始者的配偶。纽曼认为，"（宇宙蛇）孕育生命的子宫也许是地下水，也许是天空之水。理性之雄蛇进入雌蛇的灵魂中并引导雌蛇"。还有的人，如神话学家芭芭拉·沃克（Barbara Walker）、芭芭拉·莫尔（Barbara Mor）、莫妮卡·舍（Monica Sjöö）以及金布图斯（Gimbutus），认为雌蛇把雄蛇的阴茎留在了体内。上古的创世神话更接近后者的观点，因为在这些神话中，雌蛇最初是雄蛇的罪恶和无情的化身，这种能量在印度教中被描绘成崇高的萨克蒂女神，这一点在下文中会作详细讨论。真正的性别分离出现在王位的授权仪式中，这一仪式让国王与女神"通婚"，通常这种婚姻关系十分血腥，而社会等级制度也就此诞生。在希腊，这些王夫（女神的配偶）成了魔鬼的化身，被希腊人当作蛇（时间之神），每隔9年就会被杀掉或者夺取王位。类似的祭祀仪式在亚洲也发生过。在中美洲和中东，这些王夫得以幸存，代价是需要自残。

创世神话往往从一个充满水的混沌宇宙讲起，并且总是将其描述为一条蛇。早期的神话故事并没有先祖之灵。苏美尔人史诗《洪荒世界》（*Sumerian Enuma*）是世界上现存最古老的文字作品，创作于公元前 3100 年左右，其将创世前的世界描述为一个包含两层水的领域。代表雄性的阿普苏（Apsu）是甜的（淡水），而大母蛇神提亚玛特（Tiamat）是苦的（盐水）。正如史诗开头的引述所言"她是万物之母"，提亚玛特生下了阿普苏。而二者共同生育了穆木（波浪或混乱的化身）和两个蛇怪，后者创造了天空和大地，进而孕育出各种神灵。早期的埃及创世神话也有类似的故事，描述了一个黑暗、流动的原始天空，由蛇头男性"努"（Nu）和蛇头女性"努特"（Nut）混合而成。宇宙、太阳神和万神殿诞生于二者的结合。原始母神努特总是戴着圆形头冠。作为古典埃及神话中的天空之神，努特并没有像努那样在创世后便消失，而是活了下来，从这便可以看出其在神话中的地位。几千年后，犹太基督教的《创世纪》中引用了类似的创世神话，讲述了"深渊的面孔"特霍姆（Tehom，提亚玛特的一个版本）和流动的"神灵"共同创造世界的故事。

而到了印度吠陀时代（约 3000 年前印度河流域达罗毗荼人和他们的雅利安殖民者生活的时代），宇宙虽然是按照古老的起源神话的精神创建的，但这一过程中雄性的形象更为具体。创世并非一蹴而就，而是包含了几十亿个周期，时间之蛇是代表雄性的雅利安人和雌性的达罗毗荼人结合的产物。毗湿奴是无上之主，它位于"蛇的下摆处"，沉睡在无尽的潜能中，亘古不变。这条蛇既是塞萨（Sesa，意思是"剩余"），也是千头蛇阿南塔（Ananta，意思是"无尽"）。和阿普苏以及努一样，毗湿奴在获得生命力之前也处于沉寂状态。阿南塔既是宇宙之水，也是毗湿奴的化身，尽管它有时是雄性，但主要以蛇母形象示人。在毗湿奴和众神处于类似死亡的沉寂状态时，是阿南塔为它们提供了庇护。阿南塔是永恒的存在，在无尽的时空里孕育着生命成长的诸多可能。在每个周期结束时，阿南塔会把整个宇宙燃烧掉。而燃烧过后的余烬，则是处于生死之间的"瞬时"，它掌管着冥界和那迦（Naga）——代表时间轮回的蛇。印度教学者让·达尼卢（Jean Danielou）认为，大约在公元前 2000 年，宇宙蛇已经从创世动物转化为复活过程中的实体。

> 蛇代表了自然演化之外的另一面，即意识产生的根本原因。在创世神退场之后，时间永恒的运转与世界的变革并不会就此停止，而是以一种微妙的形式保留了过去和将来的种子，等待新的世界从中诞生。

蛇的身体是连续性的载体，是时间层面的客观存在，因此被人解读为神圣复兴的象征。蛇所蕴含的复活的含义，早已渗透到万事万物之中。这是种子与花朵、潜意识与观念、过去与未来之间不可避免的共生关系，即旧事物总是新事物的基础。

爱琴文明时期的希腊有着更具戏剧性的创世神话，虽然这种神话比更古老的《吠陀经》粗糙得多，但金布图斯（Gimbutus）和历史学家罗伯特·格雷夫斯（Robert

Graves）认为，这是因为它讲的是一个新石器时代的故事。在这个故事中，海洋女神欧律诺墨（Eurynome），从原初之水中诞生，分离了海洋和天空，创造出风蛇神祇俄菲翁（Ophion）并与其结为配偶。从他们结合产生的蛋中生出了太阳、月亮、行星和充满生命力的地球。当蛇神大肆邀功时，欧律诺墨踢掉了他的牙齿，并把他放逐到冥界。基督教诺斯替派教徒同样相信是他们的造物之母索菲亚给耶和华注入了能量。当耶和华把功劳据为己有时，索菲亚惩罚了他。因此教徒在耶和华的画像上添加了鬼蛇的形象。

此后世界各地的许多神话中，水、再生、激活和破坏等和时间相关的元素频繁出现。几内亚巴加的创世蛇同样也激活了原初之水，并划过地球将水排开。阿尔冈琴人的创世者是闪电之蛇马尼托（Manitou）。委内瑞拉雅鲁罗人的创世者是一条叫作普阿纳（Puana）的蛇。乌娜（Una）

是所有澳大利亚原住民的母亲，原住民的宇宙观以彩虹蛇为基础，认为天地是由彩虹蛇创造的，而宇宙蛇则躺在彩虹蛇的怀里。潜伏在水潭和海洋里的中国龙是从宇宙蛇延伸而来的，它们能够带来雨水、好运和神圣的制裁。达荷美人的世界蛇，丹·阿伊多·韦多（Dan Ayido Hwedo），是另一条彩虹蛇。它在世界形成的时候，嘴里含着造物主产生的排泄物（尽管都是黄金）堆积成山。所以造物主要求它变成一条乌洛波洛斯蛇，从海洋下托起整个世界。如果得不到持续的给养，它就会吃掉自己的尾巴，就像印度教的阿南塔一样，导致世界失调和解体。还有一个关于创世的传说是 11 世纪印第安人在美国俄亥俄州建造的巨蛇山，这是一个用土筑成的雕像冢，长约 400 米，蛇身蜿蜒曲折，蛇口含着一枚卵，其形状与地形十分相配。

蛇身作为一个从无序到有序（或从有序到无序）转变的场所，可以说是巨蛇山主要的象征意义。正如阿南塔既有潜能，也有显灵，蛇在世界各地的传说中往往作为一种超越社会规律的存在。马里多贡人（Malian Dogon）的创世神话巧妙地描绘了一套反映社会文化的宇宙观。多贡人认为蛇的肉体是萨满仪式的媒介，能够引导社会建立秩序（这一主题在玛雅信仰中有所呼应，下文会详细介绍）。在8 个原初家庭建立后，族群里最年长者代表萨满主持死亡仪式。之后第 7 长老化身成蛇，并生吞了这位萨满，然后把吐出的石头幻化成人的外形。这些人形石头代代相传，成为部落文化的轴心，将对立的双方紧密地连接在一起（特别是婚姻）。通过吞噬仪式，蛇从无序中创造秩序，表明在蛇身体中（被吞噬的人所在之处），发生了无序向秩序的转变。这两个阶段的转换，总是统一在一个单一的整体内发生。

女蛇神

随着城市的发展，泛指的女神逐渐演变成新石器时代以蛇鸟女神为直系祖先的女蛇神。旧石器时代常见的卵形文物，在新石器时代有了新的风格，并且在整个欧洲的象征学中，蛇鸟女神通常以被蛇缠绕的一枚或两枚卵的形象示人，而这一主旨在欧洲流传下来（欧律诺墨的故事就证明了这一点）。几个世纪后，这些形象在希腊神话中的奥菲斯的蛋和诺斯替教的世界之卵中都有复现。

蛇鸟女神作为女神瓦切特的孪生姐妹，其统治一直延续到公元前 6000—前 4000 年的埃及（此时蛇教在当地早已创建）。虽然关于两女神的崇拜细节很少被流传下来，但可以肯定她们是创世之神，开创了律法、医术和农业。手持一根长长的纸莎草权杖，上面缠着一条戴着头巾的眼镜蛇，象征着她们统治的权威。下埃及（北部）的民众崇拜眼镜蛇女神瓦切特（Uatchet），尊其为"天女，众神的天后"。上埃及（南部）崇拜的是秃鹫女神尼赫伯特（Nekhebt），她是"带来光明的原始深渊""世界的创造者""父亲的父亲，母亲的母亲，从上古时就已存在"。眼镜蛇女神在埃及神话中占主导地位，并且在金字塔铭文形成（大约公元前 3000 年）之前，就演变成了下一个"众神的天后"伊西斯（Isis）。她还与托特（Thoth，写作、魔

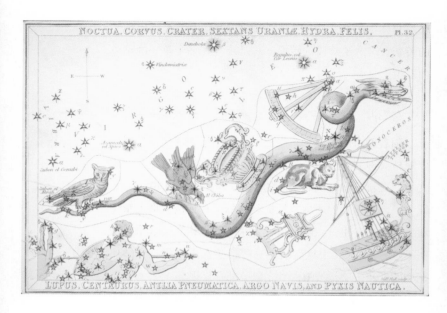

NOCTUA, CORVUS, CRATER, SEXTANS URANIÆ, HYDRA, FELIS. Pl.32.

LUPUS, CENTAURUS, ANTLIA PNEUMATICA, ARGO NAVIS, AND PYXIS NAUTICA.

蚀刻技法创作的九头蛇星座。引自1825年的天文学论文。

法和治疗之神，其形象后来被中世纪炼金术挪用）、哈托尔（Hathor，伊西斯和复仇之眼的古老前身），甚至荷鲁斯（Horus，太阳神）联系在一起。虽然伊西斯之后也进入了万神殿，但瓦切特姐妹女神在埃及人的观念里是不可替代的，并在冥界之旅中成为拉（Ra）的天眼。她们保护着拉的圆盘，就像蛇环绕世界蛋那样，而她们那标志性的眼镜蛇头或圣蛇（Uraeus），作为神圣权威的象征，在3000多年的时间里一直是埃及王冠的装饰。就这样，瓦切特化身为圣蛇，留在拉的额头上，这是她们应有的位置。后来的蛇鸟女神以苏美尔人的恶魔莉莉丝示人，她蹲在树枝上的祖鸟（Zu-bird，风雨邪神）和树根上的蛇之间，等待被人赶走。几个世纪后，她变成了犹太法典中的莉莉丝，她是

40

一幅"二战"海报，美国是一只鹰，日本是一条蛇。

在夏娃之前的亚当的配偶，身体长有爪子，手持长蛇，传说是以孩童为食的女妖。

　　虽然史前时代的蛇鸟女神演化成了新石器时代的女蛇神，但她在旧石器时代作为鸟和蛇的象征意义并未消亡。在巴比伦和波利尼西亚神话中，鸟和蛇的意象十分盛行。玛雅的宇宙树上栖息着天鸟以及长有四肢的蛇。北欧神话中的世界树（Yggdrasil），常年被树枝上的鹰和啃它树根的蛇尼德霍格（Nidhogg）之间的争斗所折磨；南婆罗洲的树也有同样的烦恼，下方的雌蛇总是和上面的雄鹰打个不停。在印度，则是鸟神嘉鲁达（Garuda）与蛇神那迦战斗。墨西哥的国旗上画有一只与蛇搏斗的鹰。在19世纪的欧洲，

41

弗里德里希·尼采在《查拉图斯特拉如是说》中谈到这种
古老的敌意，将鸟和蛇作为力量和对抗的象征。至今，在
各种语境下，二者仍被当作对抗的象征。

新石器时代是女蛇神统治的时代，是社会发生翻天覆
地变化的时期。随着城市的建立，农业的发展，动物的驯
化，以及新的工业革命，如织布机的发明，人类社会的生
产力飞速发展。这一时期与神圣相关的结构，如迷宫、土
丘和锥体，都与蛇有关，并且融入建筑当中。在追求形态
结构的风潮之下，新石器时代对抽象概念的追求同样令人

惊讶，此时人类已经能够自如地利用图形展现哲学思想了。他们尤其擅长展现关于时间的图像，无论是持续时间（"变化"）还是量子态（"宇宙推动力"）。同样，蛇或蛋是表达这些概念的常见图像。"变化"是人类臀部内的一枚蛋，是"想象中"孕育生命的地方。"动力"是一对活跃的蛇，用金布图斯的话说，它们的身体卷出了"世界"。

蛇以及蛇的卷曲形象是那个时代的主要象征物，常与卵、圆盘、之字形和圆点图案共同出现。蛇被绘成橙色、黑色、红色和白色，出现在各种器物表面，如墙壁、家具、盘子、壁炉和祭坛上，以及仪式中使用的陶器上的三维浮雕。这一时期的女神被塑造成许多小蛇组成的蛇臂或蛇头，

43

身体呈蛇螺状或蜿蜒的长条。螺旋纹被人装饰在女性圆润的部位，如肩膀、臀部、乳房、膝盖等。这些蛇图案象征着自发的生命能量。金布图斯认为，这些身体上的图案是孕育生命的源头。蛇和生命之火本是一体的。

在公元前 7000 年，这一观念深入人心。头戴皇冠和（或）长着蛇头的女性雕像，被塑造成瑜伽中莲花坐的姿态，一条腿放在另一条腿上，有些还画着粗壮的红线。虽然这些雕像主要是在欧洲发现的，但金布图斯推测，这些线条展现了昆达里尼的生命力，一种在体内流动的能量。昆达里尼是印度教的生命能量，被认为是一条根植于性力量的蛇，位于脊椎底部的海底轮。瑜伽的终极成就，高级练习者可将昆达里尼蛇沿着七脉轮传递到头顶，以达到意识的最高状态。

根据昆达里尼命名的一位前吠陀女神（意思是"卷曲"），被尊为一切事物的源头，最原始的集合。化身为女神萨克蒂（Sakti）是推动宇宙运转的力量，在昆达里尼瑜伽中以蛇的形象示人。如同旧石器时代大女蛇神包含世间万物，萨克蒂是内在的本体，婆罗门—毗湿奴—湿婆的身体，在《吠陀经》中被描述为"自然"（生命）和"一切有意识的形态"，一位"起源、知识、现实的感知、智慧的启发者"。她能激发静态的潜能，让其释放出来，无论这种潜能是神圣的或世俗的，有形的或缥缈的，思维上的或直觉中的。没有萨克蒂的能量渗透，湿婆就不会拥有神力。公元前 3000 年，世界最灿烂的文化之一——克里特地区的米诺斯文明，见证了女蛇神最后也是最伟大的一次

手持蛇的米诺斯女祭司彩釉，克里特岛，约公元前1500年。

统治。克里特人的蛇宗教引领了高度发达的母系社会（已经发展出室内排水系统、四层楼建筑、复杂的语法、服装定制和棋类游戏）。随着该文明的毁灭，女蛇神作为一个完整的神，逐渐退出历史舞台。到公元前2000年，随着人类文明的扩张，女蛇神已演化出各种男神、女神、宗教和思想意识，其中蛇只是一个反复出现的化身和象征。无论这些信仰如何演变，千百年来蛇的内涵始终包括水、智慧、治疗、生育、冥界、复活和不朽等要素。

到公元 3 世纪，秘密宗教仪式开始兴盛，并且将女蛇神的概念融入其中，它们的影响地区涵盖地中海西部和南部、北非和中东。其中影响较为广泛的秘密仪式，如艾琉西斯（Eleusian）、伊希斯（Isis）、巴克斯（Bacchic）和大母神（Magna Mater）等，以各种方式崇拜蛇。当夜晚降临，这些宗教会在地下墓穴和洞穴中举行秘密的启蒙仪式，以期唤醒教徒的潜意识。

其中艾琉西斯和伊希斯是最著名也是最古老的秘密仪式。艾琉西斯秘密仪式是公元前 6 世纪创建的，以女神德米特尔（Demeter）和她的女儿，冥府统治者普赛芬妮（Persephone）为中心。虽然两位神是雅典人的信仰支柱，但几乎可以肯定，她们是新石器时代流传下来的，可能与米诺斯人有联系。象征王权、生命以及冥府之主的蛇，常伴随在两位神身边。伊希斯秘密仪式创始于埃及，后来传播到整个地中海地区，在古典时代晚期仍然有着广泛的影响力，是罗马最重要的神秘宗教，经历过多次废止和恢复。公元 2 世纪，古罗马作家阿普列尤斯在《金驴记》（*The Golden Ass*）中提供了关于秘密仪式的第一手资料。据其记载，伊西斯是位无上之神，常被蛇相伴左右。而罗马出土的护身符则把伊西斯描绘成一条蛇的尾巴。

在巴克斯秘密仪式中，蛇有着举足轻重的地位。900 年来，这一信仰始终供奉希腊酒神狄俄尼索斯（Dionysus，即巴克斯）。酒神的女信徒巴香特（Bacchante）带着蛇在乡间游荡，嗜酒成癖，沉溺于神秘主义，时常把蛇咬成碎块，或者把蛇绑在头发和腰上。在酒神仪式中，毒蛇是某种神秘的媒介。在"天命启迪"（God through the lap）的仪式中，当信徒坐在一个点着蜡烛的昏暗洞穴里时，一条代表神性的金属蛇划过信徒，这是一种象征性的交配仪式。但与其说是交配，不如说是凡人之躯和上天的结合（这类活动的主角总是蛇）。俄耳甫斯教是一个神秘宗教分支，该教崇拜俄耳甫斯，俄耳甫斯进入地狱后试图找回被蛇咬伤中毒的爱人，但没有成功。被酒神女信徒巴香特杀死后，俄耳甫斯死而复生，成为了日后的狄俄尼索斯或他的祭司，并且被当作是耶稣的前身。所有的俄耳甫斯仪式都是围绕着一条世界灵蛇进行的。

最邪恶的秘密宗教莫过于大母神教。发源于小亚细亚的大母神教，以侍奉大母神库柏勒（Cybele）和她垂死的王夫阿蒂斯（Attis）为荣。大母神的侍从在仪式中装扮成女人，进行自我阉割，以期获得女性的生殖力。虽然蛇并非此仪式的重点，但蛇作为连接人间与圣域的媒介，以及蛇性别转换的能力，仍然在后来的蛇神话中频繁出现，值得我们深入研究。有人推测，雌雄同体的著名希腊先知忒雷西阿斯（Teiresias）与邪恶的大母神教有所牵连，但希腊诗人赫西奥德（Hesiod）在公元前 8 世纪记录的故事也许延续了大母神教祭祀的邪恶传统。我们今天已无法得知忒雷西阿斯扮演怎样的角色，但希腊人认为他的地位无与伦比。在欧里庇得斯（Euripides）于公元前 5 世纪创作的悲剧《酒神的伴侣》（*The Bacchae*）中，忒雷西阿斯宣布狄俄尼索斯为奥林匹亚人。同一时期的索福克勒斯（Sophocles）在《俄狄浦斯王》（*Oedipus Rex*）中向忒雷西

一幅庞贝壁画，描绘了公元79年之前圣蛇崇拜的巴克斯秘仪场景。

阿斯揭发了俄狄浦斯的罪行。在荷马（Homer）9世纪创作的《奥德赛》中，已经身亡的忒雷西阿斯为奥德修斯提供了旅行建议。关于忒雷西阿斯还有一件奇事，他曾用棍子攻击两条正在交配的蛇，之后自己变成了一个女人。7年后当他再次遇到并攻击这对蛇时，他又恢复了男儿身。虽然这则寓言听起来很滑稽，但有忒雷西阿斯出现的场合都有着庄严的气氛，往往暗示着缠绕的蛇、两性结合、强力棍子和女巫师（忒雷西阿斯本人）等主题，类比于母系社会中对蛇的崇拜。

非洲多贡人也以类似的方式把蛇和异装联系在一起，以展示母系氏族中的神祇。据多贡人传说，一只豺狼把裙子从地球母亲身上扒了下来。有一天这条裙子被一个女人偷走，并穿在身上，摇身一变成了统治者。之后男人抓住这条裙子，穿着它自称国王，并禁止女人穿这种衣服。但是，有一个老人对这个新规定一无所知，惹下了大麻烦。于是这个老人死后并未化作鬼魂，而是变成了一条蛇，时常恐吓穿裙子的年轻男性。被困在生死之间的老人以蛇身又一次死亡，于是村民们把死蛇裹在裙子里，并把它葬在一个山洞中。之后这位迷失者的灵魂进入了一个婴儿体内，婴儿刚出生时身上长着蛇皮似的斑纹，通体像裙子一般红，但不久就变得正常了。这些插曲促成了最早的死亡仪式（安置死者）和最初的艺术（为了传承正统文化）。

在这些故事中，蛇再次充当死者的向导以及复活的媒介。大地母蛇、裙子和洞穴的位置发生变换，则世界秩序也会重组。作为重生的媒介（投胎到婴儿身上），蛇将生与死、母系与父系氏族融合在一起，从虚假的、扭曲的秩序中创立了真实的复活秩序。从宇宙蛇的身体中诞生的下一个世界，会成为新的战斗神话的基础，其故事预示着古典时期最具破坏性的社会变革。

战斗神话

原始神话落幕后，战斗神话登场。它将具备主观能动的蛇（雌性）和潜在生命（男性）之间的关系变为两者之间的战斗。在这场战斗中，二者变成了生死不两立的对手。战斗神话是神话故事中的一种流派，和多贡人的神话一样，战斗神话讲述了事物秩序的变化，权力从母系氏族向父系氏族交接。这一过程始于公元前 3000—前 2000 年。战争神话在近东、地中海和欧洲传播，以寓言的方式记录了这一转变。虽然学者简·哈里森的研究兴趣主要是希腊神话，但她关于神蛇阿伽特（Agathos Daemon，生命力的象征）是如何被谋杀的假说，让我们对这些战斗神话有了新的认识。据哈里森推测，由于恶魔之蛇天然的破坏属性，以及它屈身为王夫的身份，它死亡的命运也就可想而知了，即使这样的安排从未被真正接受。

战斗神话普遍都有一个相似情节，一位太阳英雄征服以创世蛇形象示人的混沌宇宙。英雄获胜以后，便用死蛇的黑暗肉体塑造了一个光明的活宇宙。在埃及、巴比伦、希腊、波斯和印度教神话中，这条蛇既是仁慈的，也是邪恶的：仁慈是因为它的存在对未来至关重要；邪恶是因为它活着，阻碍了未来的到来。被打败的蛇代表旧的母权制度，但正如故事所揭示的，它的主体，即旧母系社会所蕴含的知识，支撑着新的父权制。这些神话中有两个叙事要素支持这一观点。首先，新世界是在旧世界的尸体上建立的。其次，许多神话中，杀戮是一种不折不扣的罪孽，而英雄往往为此付出了极端的代价，甚至失去生命。只有通过忏悔，或者像埃及神话那样，将斗争常态化，才能保持对立双方的平衡。虽然这些神话都包含了致命的征服情节，但最后黑暗之蛇往往在隐秘之处获得重生。作为新世界的基础，黑暗之蛇永远存在。"坏"蛇（旧的制度）必须死亡，这样"好"蛇（新的力量）才能登上新的宇宙舞台。从这个意义上说，蛇的复活确实是一个潜移默化的概念。新秩序是旧秩序的重生：亡者的尸体以新的名字复活。这种复兴主题贯穿了人类的历史，是蛇最为悠久的特质。

在最早的神话记载中，埃及人认为战斗的荣耀源自辩证法。因此，蛇被打败后并非永远消失，而是作为一直运作的世界的一半存活下来。太阳神拉每天晚上都与阿波菲斯（Apophis）战斗，阿波菲斯是地狱中盘成许多圈的巨大雄蛇。在母蛇迈罕（Mehen，也就是乌洛波洛斯）的庇护之下，拉每天在黎明时分杀死阿波菲斯。每次杀戮过后拉都筋疲力尽，但很快又重新焕发活力。在天亮前的最后一刻，拉的船进入大蛇 Ka-en-Ankh-neteru（意思是"众神的生命"）口中，而后拉从蛇口中出现，于是白天降临。正如埃及学家 E.A. 沃利斯·巴奇（E.A.Wallis Budge）所描述的那样，"拉以垂老的太阳神的姿态进入大蛇口中，他不仅活着出来，而且变得更年轻了"。

此后的战斗神话修改了二者的关系，宣称拉获得了永久的胜利，这一变化和雅利安移民有关。雅利安人的阳历替代了旧的阴历。在旧的阴历中，时间是女蛇神的形态。而雅利安人父系神话，包括天神、雷电、山等，使女蛇神教中的蛇、洞穴和水黯然失色。自称"天空一族"的雅利安人入侵了印度土著达罗毗荼人，一个农业时代的母系部落，并斥责后者为"大地和蛇的后代"，从此天空之神降临，女蛇神成为过去时。在达罗毗荼人的《吠陀经》中，风暴之神因陀罗杀死了混沌蛇神弗栗多（Vritra，意思是"障碍"或"乌云"），这是一条囚禁原初之水的蛇。在最早的文本中，弗栗多利用他的母亲达努（Danu）假扮成女性，达努是达罗毗荼人的伟大女神（和蛇有关），在后来的《摩诃婆罗多》

（*Mahabharata*）中她也有很重要的戏份。当这只雌雄蛇神试图吞下因陀罗时，因陀罗召唤出一道闪电把蛇神消灭了。蛇神虽然死亡了，但弗栗多／达努的血液却创造了新的事物。这股关键的生命力量注入到原初之水中，使其孕育出太阳。当太阳诞生时，下一个世界就出现了。虽然弗栗多含有障碍的意味，但他的血液却能诞生新事物。没有他，什么都不会发生。而冲突的代价也很高。在《往世书》中，弗栗多成为了一名司祭，而因陀罗被迫放弃他的王位，作为对其杀戮的惩罚。在其他经文中，惊恐的因陀罗远离了杀戮，历经艰险来到世界的尽头，在那里他通过神圣的赎罪仪式，获得了拯救。

类似的故事在北欧也有上演。北欧风暴之神托尔投掷闪电，与巨大的米德加尔德巨蛇搏斗。由于这条巨蛇的存在，让世界树的生长受阻，就像弗栗多囚禁原初之水一样。当末世来临，巨蛇和雷神最后都死了。巴比伦人的太阳战士马杜克（Marduk）和上述神话也很相似，他击败苏美尔人的天母蛇神提亚马特。当提亚马特试图吞下马杜克时，马杜克杀死了蛇神，并用她的身体创造了大地、海洋和天空。

波斯拜火教的孪生兄弟，黑暗之蛇阿里曼（Ahriman）和光明英雄阿胡拉·马兹达（Ahura Mazda）是由雌雄同体的祖尔万（Zurvan，无限时间）生下来的。千万年来，他们原本共同统治着宇宙，但兄弟内战不可避免，最后阿胡拉勉强获胜。虽然阿里曼被打败了，但他仍然有存在的必要：他的邪恶力量驱动了一半的宇宙涨落。只是在最后类似于基督教天启的大灾变中，阿里曼和他的蛇阿齐·达哈克（Azi Dahak）被焚烧，二者的身体净化了地狱之后便消失了。这又是一个蛇神开创并完善了下一个世界的故事。

希腊蛇的神话故事和神圣形象保留了下来。在这些故事中，无论蛇是扮演猛兽还是瑞兽的角色，它们的象征意义都逐渐淹没在历史长河中，变得不再重要。战斗神话中的人物，可能为早期的认识论奠定了基础，或者影射真实发生的政变。希腊神话中的两组死对头是宙斯和堤丰，以及阿波罗和巨蟒。第一个故事中，逃离死亡的天空之神宙斯击败了盖亚（地球母亲）的儿子毒蛇堤丰，被认为是古埃及神话中的冥王奥西里斯（Orisis）和他的兄弟赛特（Set）之间冲突的复现。在一场争夺权力的纷争中，奥西里斯被他的弟弟用计杀死。然而，这场谋杀使奥西里斯成为复活之神，这再次印证了蛇激活生命本体循环的必然，无论蛇是多么邪恶的存在。几个世纪后，这种从蛇的"邪恶"中得到救赎的故事出现在诺斯替教的信条中。该教派认为，伊甸蛇的知识与基督的救赎是相匹配的，并预示了基督的救赎。而在希腊神话中，这些主题被隐藏起来。

第二个故事里，太阳神阿波罗与巨蟒皮同（Python，特尔斐神谕的守护者，可能是天后赫拉的后代）的战斗，延续了阿波罗征服特尔斐（特尔斐得名于 Delphyne，后者是巨蟒皮同的配偶/前身）的故事。对该地区的征服是希腊人废除该地区女神崇拜的关键。特尔斐城的重要性绝不可低估。几个世纪以来，它是地中海宗教活动的中心。发布神谕的女祭司，人称西比尔（Sibyl）或皮媞亚（Pythia），用她的预言多次改变了历史的走向。皮媞亚和皮同坐在神

约公元10世纪，墨西哥托尔特克和阿兹特克人的至高之神羽蛇神，是一条长着羽毛的蛇。

庙奥姆法洛斯（Omphalos，世界的中心）深处，在那里盖亚以土丘或蜂巢的形象示人。这座神庙建在帕纳索斯山下一个蒸汽弥漫的洞穴附近，是进行舞蹈仪式的地方，舞者以蛇形般的蜿蜒步伐穿过山和洞穴之间的一片开阔地，再现了蛇出生的场景。阿波罗—蟒蛇皮同的故事展现的是蛇的神圣化历程。皮同在特尔斐政变中的死亡令人叹惋，所以皮媞亚的葬礼活动就在此进行，以纪念皮同。和因陀罗一样，在屠杀皮同之后，傲慢的阿波罗逃离现场，并通过仪式洗礼为自己赎罪。（在某些版本中则是阿波罗被皮同杀死，然后复活。）他在死亡后9年里经历了超越世间极限的苦行，才被允许重返人间。

公元10世纪，墨西哥托尔特克人的羽蛇神（Quetzalcoatl，后来成了阿兹特克人的神）是一条长着羽毛的蛇，它虽然并不好战，但也避免不了战斗的命运。和蛇鸟女神类似，太阳神托尔特克负责协调陆地和天空。和埃及的瓦切特一样，托尔特克掌管农业、法律、医学、学术、冶金、历法和祭祀。他的对手叫作泰兹卡特里波卡（Tezcatlipoca，意思是烟雾镜），是黑夜和巫术之神、复活的化身和黑暗之主，和光之神托尔特克互补，是生命的对立面死亡，也是重生的使者。两位神一同统治，并且共同击败了原始的女造物主，重塑了整个世界。起初，世间只有无穷无尽的海洋，海水中有一条叫作特拉尔泰库特利（Tlatecuhtli，非常像提亚玛特）的雌性鳄鱼。住在天上的托尔特克和泰兹卡特里波卡变成了蛇，把特拉尔泰库特利的身体拉成了两段，用裂开的身体分别创造了陆地和天堂。但是这个水生怪物的原始属性在 Quetzalcoatl 的名字中被保留了下来，因为 coatl 的意思是"水蛇"，可分解为 co（蛇）和 atl（水）。

北美对战斗神话的改编虽然打乱了故事结局，但仍然保留了故事的基础要素。在时间的起点，看到独角蛇女巫安瑟基拉的人就会失明、精神错乱甚至死亡。她那冰冷的红色水晶之心象征着绝对力量，持有水晶之心的人具有"千里眼"、强大的生命力和完美的狩猎技巧，以及不会感到饥饿的能力。有一对双胞胎兄弟想从山洞里一位"丑陋的老女人"那里获得打败安瑟基拉的方法，而老女人要求和她同眠一晚才愿意透露这个秘密。盲人哥哥同意了这个请求。

于是这个老女人得以从咒术中解脱出来，变成年轻的样子后不久便消失了。当安瑟基拉被杀死时，她的血恢复

一幅16世纪的佛兰德油画，描绘的是美杜莎的头部。

了哥哥的视力，她的心则给了双胞胎他们想要的一切。但兄弟俩很快便厌倦了这种能力。于是他们打破了心中的魔咒，回归到正常的生活中。

基督教中也吸收了战斗神话。波斯对巴比伦的征服影响了犹太教，阿里曼与伊甸园的蛇和路西法有关，为新约中无所不知的撒旦蛇奠定了基础。在确立基督教向大众传播的4世纪尼西亚信经中，耶稣与蛇（如今的魔鬼）一路打到了地狱（一个巨大的口）并在地狱中停留了3天，期间耶稣经历了重生到成圣的过程。我们从经书的记载中能看到阿波罗／因陀罗赎罪的影子：打败神力之蛇后，在一个严峻的环境（地狱）中修炼一段时间，获得救赎并成圣。耶稣也和一条象征着"反基督"犹太教分支的蛇搏斗。这个分支部落叫作丹（Dan），也有拦路之蛇的意思。基督教

19世纪60年代的雕版画，描绘的是婴儿时期的赫拉克勒斯把蛇掐死的场景，象征"年轻的美国"扼杀了内战中的分裂分子和叛军。

徒的相关故事不止于此。比如14世纪英国的"兰普顿蠕虫"讲的是兰普顿勋爵的故事。有一天他躲开教堂去钓鱼，钓到了一条小的"恶心的蠕虫"（蛇）。这条蠕虫很快便长成庞然大物，甚至能环绕一座山。有一位西比尔告诉兰普顿消灭蠕虫的方法，但同时也警告兰普顿，在消灭蠕虫以后，他必须杀死自己见到的第一个人。可偏偏兰普顿遇到的是自己的父亲，拒绝杀死父亲的兰普顿便开启了诅咒。

在上述故事流传度较小的一个版本中，这位英雄杀死蛇是为了获得黄金或秘密。但蛇怪尸体仍然让勇者获得了神力，仿佛获得了神的祝福。希腊的珀尔修斯和北欧的齐格弗里德就是经典的例子。珀尔修斯杀死了蛇发女妖美杜莎，并把她的头献给了智慧和战争女神雅典娜。于是美杜莎的头成为雅典娜终极保护的象征——神盾。这表明珀尔修斯是连接两个神的媒介，为神话内涵的变迁（如瓦切特被伊西斯吸收），以及新文化的诞生创造了土壤。和之前的太阳神一样，当齐格弗里德杀死蛇龙法夫纳并吃掉它的心和血时，他也获得了神力。和安瑟基拉之心类似，法夫纳的蛇肉让齐格弗里德超凡脱俗，获得了心灵感应以及与动物沟通的能力。在两个传说中，无论是云游四方的珀尔修斯，还是能够和异世界沟通的齐格弗里德，都通过蛇获得了非凡的能力。

希腊半神赫拉克勒斯（以"屠蛇者"著称）将自己内心的两个世界结合为古老的蛇神，作为屠蛇英雄活到希腊化时代。简·哈里森（Jane Harrison）指出，赫拉克勒斯原本是阿伽特魔蛇（生命之力），只有"褪去他的蛇本性"后才被奥林匹斯众神所接纳。然而，他的身体里仍然流淌着蛇的血液。当赫拉克勒斯还是个婴儿的时候，他勒死了两条前来取他性命的毒蛇。成年后，赫拉克勒斯与蛇女交媾，并生下了好几个后代。他被要求杀死七头蛇海德拉、地狱三头犬刻耳柏洛斯，以及在世界尽头看守金苹果的百头巨龙拉东（Ladon）。一个接一个地打败了时间神兽的赫拉克勒斯，也是一位时间领主。他的十二道试炼横跨四季，他曾坠入生死无界的地狱，获得刀枪不入的能力，成为半人半神的存在。赫拉克勒斯是一位救世主，被视为耶稣的前身。部分是因为他死得很惨，同时也因为他最终成为了奥林匹斯众神之一。他的名字象征着"赫拉的荣耀"，因为特尔斐神谕中说，他的声望来自赫拉迫害他所做的事情。不过二者的关系还有另外一面：在许多版本的故事里，赫拉克勒斯是赫拉的王夫。卡尔·荣格将赫拉克勒斯与赫拉的斗争视为意识（驱动／英雄）和无意识（混乱／蛇）在相互争夺。神话学家卡尔·凯雷尼（Karl Kerényi）主张赫拉克勒斯有一个更狡猾的身份，认为他是赫尔墨斯的替身。赫尔墨斯是希腊众神的使者、冥府引渡者、欺骗和沟通之

16 世纪的亚当和夏娃绘画，画中的魔鬼被描绘成蛇女的样子。

神，随身带着双头蛇杖卡杜修斯（象征两极的统一）。赫尔墨斯即罗马神话中的墨库里乌斯，后来演变为墨丘利。虽然蛇不会让人联想到骗子，但某种程度上，骗子携带着宇宙蛇的特质。骗子就像蛇一样，拥有对立的灵魂。更重要的是，骗子刻意创造出模糊的空间，将无序与有序结合起来以维持宇宙的平衡。而平衡宇宙往往是蛇神的职责。在珀尔修斯和齐格弗里德的故事中，当两位英雄和蛇融为一体时，他们与赫尔墨斯的联系更加显著了。

在战斗神话中，蛇是象征着邪恶、消极、罪恶、魔法、诡计和欺骗的存在。在印度，人们仍然认为，如果一条眼镜蛇被杀死，凶手的脸会印在眼镜蛇的眼睛里，而这只眼镜蛇的配偶会追捕凶手，不管有多远。印度人认为麻风病来自圆斑蝰的呼吸。基督徒接受了这一观念，并尽力撇清自己与异教蛇的关系。基督徒把蛇视为撒旦。《启示录》写道，"老蛇即为魔鬼"。蛇有时候会化身为女性（为了进一步强调它腐朽的一面），也可以是男儿身。为了把善恶之间错综复杂的关系转化为简单的公式，基督徒把非本教的一切事物都归为"蛇"。

古代屠蛇神话中，英雄和邪恶的蛇神纠缠不清的关系，逐渐让位于故事清晰的蛇神话。在基督教的蛇神话中，英雄与蛇的斗争故事演变成了寓言。有些讲的是英雄（如圣乔治或耶稣）打败蛇形魔鬼的故事，也有的讲的是驱逐的故事，比如把邪蛇从爱尔兰驱逐出去的圣帕特里克。在这些故事中，主角不会吃蛇肉饮蛇血，因为蛇的力量太过可怕。由于邪蛇只会死一次，古代仪式中，英雄和邪蛇之间

希腊英雄杰森从毒
蛇口中重生，出现
在一个披着蛇皮、
持有美杜莎头神盾
的雅典人面前。

无尽的冲突也迎来了终结，与之一同消失的还有弥漫在宇宙中的创造／毁灭之力，后者在数千年前曾是宇宙发展的动力。这种转变甚至在现代思想中也存在。荣格认为战斗神话的格式塔是大脑的意识（读取太阳神）和无意识（读取混沌蛇）之间的冲突，并以吃小孩的希腊女蛇妖"拉弥亚"命名这一心理活动。荣格将战斗神话简单地归类为对抗／胜利，没能涉及神话蛇的复活以及生命繁衍的特性，比如印度教女神萨克蒂或者新石器时代的双蛇图案。无论是否意识到，包围宇宙的萨克蒂和环绕宇宙的乌洛波洛斯都在战斗神话中强调了吞噬的概念，英雄面临的最大危险就是被吃掉，而太阳神拉从蛇口中复活，和耶稣从地狱之口中复活有着异曲同工之妙。旧石器时代的蛇便是这一概念的基础。宇宙蛇蜿蜒的蛇形线实质上是"载体"，既是融合万物的无限空间，也是时间诞生的地方。

尽管在战斗神话兴起后，宇宙蛇的地位有所下降，但在无数关于健康、不朽、再生或拯救的的故事中，"邪恶"之蛇仍然以"正义"的复活者、催化剂和矛盾的协调者出现。在当代宗教中，宇宙蛇也是通灵的媒介。在特尔斐神谕、苏族创世神话和兰普顿蠕虫的故事中，都有"老妇人"这一角色。她通常以顾问、治疗师、圣女（如夏娃）的形象示人，可以说是大母神的延续。

长生不老药

　　尽管蛇看起来只是一个边缘角色，但在许多寻找长生不老药的传说中，蛇都扮演了十分重要的角色。这类神话最早可以追溯到旧石器时代。这一时期的生命之力"埃兰·维托"被解读为一棵被蛇保护的树。蛇（象征协同）盘绕在树（象征稳定）上的形象，成为生命的象征。

　　公元前2000—前1600年，在巴比伦的吉尔伽美什史诗中的"埃兰·维托"，通过她的蛇化身与天后伊娜娜秘密相通。伊娜娜爱慕的英雄吉尔伽美什担心自己丢掉性命，拒绝了伊娜娜的求爱。当吉尔伽美什的朋友恩奇都因此神秘死亡时，吉尔伽美什立即动身寻找不死之草。他刚在海底找到了这种草药，这种草药就被一条海蛇偷走并吃掉了。这条获得永生和智慧的海蛇其实是女神伊娜娜的替身。坎贝尔看到了"巴比伦永生草药与蛇"和旧约中"生命树与蛇"之间的直接联系，这种联系甚至能够延伸到永恒的救赎。

　　诺斯替教是一个受到埃及、波斯、犹太和希腊影响的基督教分支，在公元2世纪尤为盛行。与耶稣同时代的教派，如纳赛尼（Naassenes，意思是希伯来语的蛇）一样，认为伊甸园的蛇只是一个催化剂，它只是让夏娃产生了从永恒天堂堕落的念头，由此诞生了基督教存在的关键——救赎。伊甸之蛇扮演了骗子的角色，因为它对现状的改变释放了一种原本无用的潜能，呼应了太阳神拉的重生、奥西里斯成为幽冥之主的过程和萨克蒂的觉醒。

在印度教中，蛇的活力带来了另一种长生不老药，这种药同样也来自海底。据说，神魔用多头巨蛇婆苏吉包围了一座被淹没的山，让"乳白色的海洋翻腾不已"。这场躁动逼出了苏拉比（万物之母）和长生不老药。伪装成老妇人的毗湿奴，把灵药交给了众神。非洲马达加斯加人也将长生不老药与蛇联系在一起。欧洲民间传说中也有类似的联想。在18世纪的法国故事《青蛇》（法国版《美女与野兽》）中，女主角发现她的王室丈夫是一条巨蛇。多年来，女主一直在祈祷，试图打破丈夫的魔咒，最后在一个仙女的指引下，为了获取长生精华，她踏上了前往世界尽头的道路。在一个很深的蛇洞里，她找到了长生精华，让自己的爱人获得了解脱。在德国《三片蛇叶》故事中，将蛇和植物结合能够使死者复活。一条蛇将叶子压在死亡同伴的伤口上，使原本已经死亡的蛇复活。一位丈夫也用同样的办法使他的亡妻复活，但妻子复活后却与船长合谋把丈夫杀了。一旁的侍从用蛇叶救活了男子，最后这个妻子被国王下令处死了。阿尔巴尼亚的传说认为一条蛇可以使另一条蛇复活。当今的阿巴拉契亚驯蛇者也认同这一观念，相信他们能够以蛇为媒介使死者复活。

千万年来，尽管这些传说散落到世界各地，但它们仍然拥有许多相似的主题。蛇在这些神话故事中始终是不朽、改革、复活和繁荣的象征。在巴比伦神话中，蛇是秩序的维护者；在印度教和日耳曼传说中，蛇是变化的源头；在马达加斯加神话中，蛇是秘密的守护者；在法国和诺斯替传说中，蛇是守护神。长生不老药生长的地方往往是海底或世界的尽头这样难以到达的极端环境，也是因陀罗、阿波罗和耶稣赎罪的地方，而女性则是长生不老药的使用者。

蛇与杖

缠绕在魔杖上的蛇是恶魔和树的结合，象征着被昆达里尼能量激活的脊柱。握住魔杖、权杖、牧杖、钩子甚至擀面杖都意味着手握权力，有人推测旧石器时代记载日历的棍子也许是这类象征的原型。

作为致密宇宙的变形体，权杖也是一条僵硬的蛇，将手引导到魔杖所触及的地方。今天权杖仍然在许多领域活跃。有些权杖代表国家主权，如塞内加尔蛇杖，另一些则是医疗的标志。希腊药神阿斯克勒庇乌斯的权杖，是一条蛇盘旋在一根短棍上，在西方社会象征着救护车、医院和药房，尽管很少有人知道这个标志是什么意思。圣蛇化身阿斯克勒庇乌斯是一个很复杂的人物，他是神、救世主、治愈者、英雄、恶魔。简·哈里森把他比作宙斯和赫拉克勒斯。他是如此有影响力（其影响力甚至延续到了中世纪），以至于李维记录的特尔斐神谕声称，从阿斯克勒庇乌斯的神庙里逃出来的蛇也能够终结罗马的瘟疫。赫尔墨

文艺复兴时期长着蛇尾的人。引自17世纪50年代的意大利书籍《皮媞亚毒蛇》(*Vipera pythia*)。

斯的双头蛇杖上有一对翅膀与两条相互缠绕的蛇，象征着围绕宇宙稳定旋转的生命的力量。和新石器时代一样，这股力量同样代表着对立统一，将疾病与健康、毒药与治疗有机地结合在一起。这不禁让人联想到，免疫力也是来自于病原体。因此可以说，蛇是避免死亡的守护者。罗马人把蛇戒做成缠绕在手指上的形状，作为护身符。古罗马的健康女神海及娅总是以抱着一条蛇的形象示人。

存在与化身

据说蛇是女蛇神退化的产物，但即使在这看似渺小的身体里，我们仍然能够看到彼此对立的力量和谐共存，以及生育和救赎的能力。蛇体内的半人属性，本质上是统一和分裂的裁决者。即使蛇看起来很邪恶，蛇存在的目的仍

1914 年，爱德华·S. 柯蒂斯（Edward S. Curtis）拍摄的照片。这张照片记录了一位美洲夸克尤特尔人崇拜的厄运之神西西尔特神。在冬季舞蹈仪式中，扮演西西尔特神的主舞戴着双头蛇面具，穿着铁杉树枝做的衣服。

是纠正错误，无论采用多么暴力的手段。而性（蛇的创造力来源）则是最常见的纠正手段，如同《青蛇》所揭示的那样，蛇能够变成人的样子。这种形态变化，实际上是把人装进蛇皮里，用尾巴代替四肢以及毛发，把活蛇作为腰带、王冠、珠宝、衣服，也可以说是住在蛇体内的人。从蛇的尾巴、头部，你能看到山羊或半人马等兽的特征，用来传达恐惧、冥界或超凡力量的意味。蛇与各种动物、元素乃至物品的结合，能够表达丰富的内涵。蛇与牡鹿结合代表不朽，与水结合代表永恒，与花瓶结合代表新生。从嘴、耳朵或眼睛里喷出蛇的意象在中世纪的欧洲很普遍，而蛇滑过皮肤的意象代表力量、生命或命令，在非洲很常见，特别是 16 世纪的尼日利亚贝宁。

蛇是十分矛盾的存在。它们有着可怕的一面，比如美洲夸丘特尔人的希尤斯神，是一个人头连接着两条蛇尾巴的形象，预示着灾难的到来。而它们也有祥瑞的一面，比如中国蛇尾人身的伏羲和女娲，中华文明的缔造者。多贡人认为原初之蛇吐出的石头，是社会制度的起源；而伏羲和女娲则将诸多制度，特别是婚姻、计数和《易经》带给了华夏儿女。据说女娲用泥土造人，然后呼一口气，泥人便获得了生命，就像雅威对亚当所做的那样。

最持久的蛇类是佛教和印度教的那迦（蛇）。印度教徒仍然崇拜眼镜蛇，在今天的土著那迦部落仍然能够看到前吠陀时代留下来的遗产，该部落是一个以女性为尊的母系社会。那迦是控制风、潮汐、瘟疫和干旱的神。它们是"阿修罗"，代表只关注当下，让大脑迷糊，阻碍自我实现的本能。然而，作为古老的卡德鲁（"不朽的圣杯"）的孩子，"永恒运动"的宇宙连续体的母亲，那迦象征着永恒循环的时间和清晰的未来。那迦族的国王，在数十亿年的熵增中保存着宇宙的遗物。印度、中国、泰国、柬埔寨和日本将那迦描绘成长着蛇冠或蛇腿的人，但也有人将它们描绘成具有人类特征的蛇，生活在海里或地下宫殿里。它们对鸟类十分了解，并且把鸟类知识传递给了人类；它们还掌握着财富和知识；它们与人类通婚，并且能够复活死者。《摩诃婆罗多》中的英雄战士阿朱那娶了优楼比，优楼比（Ulupi）的兄弟瓦苏基（Vasuki，搅动海洋以获得长生不老药的蛇）拥有一颗"满足一切欲望的宝石"。当阿朱那死后，这颗宝石使他重新活了过来。

佛教的蛇王菩提伽耶·那迦保护了在蛇的树下冥想的佛陀。菩提伽耶从洞里出来，先缠绕着佛陀，然后将颈部皮褶打开包裹住佛陀。在悟道的最后一天，这条蛇变成了一位佛陀的信徒。汉斯·季默（Hans Zimmer）从这则故事中看到了"对立的完美和解"。佛陀和蛇王是一体的：蛇王菩提伽耶是动态的象征，是"诞生—重生"的循环；而救世主佛陀则让蛇王变成了悟道的金刚座：悟道广泛植根于谷物（muchalinda）。

性是蛇的强项。关于人类与蛇交配或结婚的传说比比皆是。能够幻化成人形的蛇主要出现在美洲印第安人的神话中。这些神话中描述的婚姻往往让人不寒而栗：一个女人被迫嫁给蛇人，最后通过巧妙的手段逃脱蛇人的掌控。欧洲的传说故事兰普顿蠕虫、莫卢西娜或青蛇也有类似的情节：一个人爱上一个中了魔咒的青年，当魔咒解开后，恋人被永远分开，或者在历经磨难后重逢。还有的故事中包含警告灾厄（如谋杀和强奸）降临的预言者。前一类讲述的是雄蛇／雌蛇经历艰难险阻后变成人类夫妻的故事。这类故事里，人和蛇的结合是正面的。后一类故事中，一开始登场的往往是一个充满魅力的男性或女性，然后变成一条十分狡诈的蛇。在这类故事里，二者的结合显然是负面的。即使在这类故事中，蛇仍然是"蛇—人"转换的主体——真实的转换能够顺利进行，而虚假的转换最终会暴露（比如多贡传说中的半身裙）。

这类故事里的婚姻，并非全部都是幸福的结局。北美神话中，记载了蛇咬女性阴道引发月经的故事，以及女性被蛇强奸的情节。还有的故事讲的是夫妻的结合带来的灾难，与打破痛苦魔咒的结合正好相反。在中国传奇故事《白

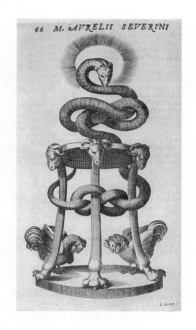

一条炼金术蛇，以独特的方式缠绕成绳结。引自 17 世纪 50 年代的意大利书籍《皮媞亚毒蛇》。

蛇传》中，有一条巨大的白蛇变成了一个女人，并且和心上人结婚。这对夫妇原本过着幸福的生活，但当儿子出生时，妻子变回了蛇的形态，而他们的孩子在长大后成为了一位著名的学者。柬埔寨的吴哥窟女蛇神故事，呼应了蛇作为通灵媒介的属性。这位吴哥窟女神每晚都和国王睡在一起，但某天晚上女神并未出现，因为她把旧国王给杀死了，为了新立的国王。

蛇也是签名的标志之一。欧洲古典晚期的恶魔蛇标志是神圣的缩写。大多数希腊神，如雅典娜、得墨忒耳、赫拉、赫尔墨斯、阿波罗，甚至宙斯，都会利用蛇的某种特质，将自己与古老的宇宙蛇神联系起来。这种用蛇来背书

的行为同样出现在中世纪的炼金术中：乌洛波洛斯成为了
合成神秘物的标志。

　　雅典娜盾牌上的美杜莎头像，展示了从神到象征的转
变。原本代表纯粹力量的蛇发女妖美杜莎，其本来面目早
已消失在历史的长河中。传说蛇发女妖三姐妹中的老三美
杜莎住在世界的尽头，她的眼睛能让生者石化。珀尔修斯
通过镜子反射观察美杜莎，让美杜莎的石化之眼失效，从
而成功砍下了美杜莎的脑袋。之后珀尔修斯把美杜莎的头
献给了雅典娜，而雅典娜则把美杜莎的头装到了神盾上。
这个故事展现了美杜莎头颅的本质：一个原始的、和身体
脱离的（身体是后人添加的）意象，是眼睛闪烁光芒、长
着獠牙和长舌的戈尔贡面具。这一意象可以在世界各地的
神话中找到对应，比如苏族的安瑟基拉、埃塞俄比亚的阿
维（Arwe，一条看起来很凶残的大白蛇）等。希腊故事强
调了断头的重要性，这是因为希腊人认为头部比人体其他

器官更为重要：美杜莎的头上有"邪恶的眼睛"，是恐怖的制造者。雅典娜获得美杜莎的头后，这颗头又恢复了其原本的职责——驱邪。正如瓦切特成为埃及王冠上的圣蛇，装饰在希腊神盾上的美杜莎，也向世人展示了她辉煌的过去。纽曼主张二元论，认为美杜莎的石化之眼正好是宇宙蛇的活力与生命力的反面。美杜莎代表了生命停止的一面，象征着死亡。这与吠陀的阿南塔相呼应，后者入眠时仍抱着"死去"的毗湿奴。

蛇也是律法的象征。王权通过蛇的身体转移，继任者的权威也需要蛇的认证。埃斯库罗斯在公元前 5 世纪所著的三部曲《俄瑞斯忒斯》就是一个明显的例子，这部恢宏的作品记载了一场文化革命。故事讲述的是国王阿伽门农被妻子克吕泰涅斯特拉谋杀（为死去的女儿报仇），而国王的儿子俄瑞斯忒斯为了给他的父亲报仇，杀死了克吕泰涅斯特拉。复仇女神埃里涅斯出于对弑母的愤怒，将俄瑞斯忒斯逼上了雅典的审判法庭。戏中，俄瑞斯忒斯最后被判无罪，从此开启了父权的时代。阿波罗宣称自己的出生来自于父亲而非母亲，从而废除了母系社会的律法。

显然《俄瑞斯忒斯》这出戏中充满了古老的传承。虽然赫拉克利特称埃里涅斯为"律法的执行者"，强调在希腊人所处的时代，埃里涅斯即为法律。但简·哈里森认为，"在希腊人的思想深处，埃里涅斯是一条蛇"。埃斯库罗斯则将埃里涅斯与美杜莎联系在一起：

……他们像戈尔贡一般，穿着黑色长袍，缠绕在一团蛇中。

被杀死的克吕泰涅斯特拉引发了埃里涅斯"致命的蛇
母愤怒"。哈里森认为,这种联系是埃斯库罗斯"无意识
的笔误"。尽管处于社会变革的风口浪尖,埃斯库罗斯并
未放弃他的传统信仰,仍然坚信蛇是冥府之主。在这部剧
中,复活蛇隐藏得很深。俄瑞斯忒斯本应被处死,但由于
律法向父权转变,他获得了救赎。这种可怕的正义原则呼
应了阿波罗和因陀罗的救赎。在杀死女造物主时,这些神
便犯下了弑母的罪行,他们付出了和任何希腊杀人犯一样
沉重的代价,只是由于他们拥有神的身份才免于一死,但
仍然要经历残酷的修炼。

蛇也是寓言的载体。作为一种中世纪常见的动物,基
督教对蛇的自然属性的描述,把古老的神圣之蛇变成了隐
喻。英国13世纪的《东米德兰动物寓言》翻译自拉丁语
版本。书中的"蛇寓言"与上古之蛇有着直接联系。故事
讲述了一条通过禁食抗拒死亡的蝰蛇。绝食让这条蛇的皮
肤变得十分松弛,于是它拖着极度衰弱的身躯,强迫自己
穿过一个石洞,把身上的旧皮刮掉。然后它会喷出毒液并
喝水,直到自己"复活"。和垂死的蛇一样,基督徒在没
有宗教律法的地方会"枯萎",因此被禁止进入天堂。但
动物寓言告诫基督徒,如果能够坚守道德,他就能够挤过
"基督石洞",洗去身上的罪恶,喝到福音的圣水,从而让
自己"青春重现",而魔鬼也不会再找他麻烦。罪恶之蛇
进入"石洞"以摆脱自己的罪恶,这不禁让人联想到巴克

斯密仪，一个能让召唤者摆脱罪恶的仪式。此外，蛇的"有罪—无罪"双重属性，也呼应了俄瑞斯忒斯的双重角色（有罪/无罪）和所有象征蛇的二元性。

神圣的救世主

蛇曾经是女蛇神的化身，是从神域降临到人间的使者，是连接生者与往生的媒介，是灵魂升华的容器，但后来却逐渐具象化为救世主的形象，如埃及冥王奥西里斯（Osiris）、玛雅人的库库尔坎（Kulkulcan）、阿兹特克人的羽蛇神（Quetzlcoatl）和基督教耶稣基督。

羽蛇神显然是一位救世主（他死后堕入地狱，而后又升天），但羽蛇神的前身，库库尔坎，则是一个抽象的"拯救者"。玛雅人认为库库尔坎是幻象蛇的化身，因而尊其为神圣国王与异世界沟通的媒介。历代国王通过库库尔坎与先祖和众神会面。很多地方都能看到这条神话蛇，但幻象蛇是其中最重要的形象。考古学家琳达·舍勒（Linda Schele）指出，幻象蛇和它的双头蛇棒是玛雅王权的"最深刻的象征"，是连接不同世界的萨满通道，也是玛雅文化的核心信仰。这种信仰与马里多贡人的信仰十分吻合，多贡人认为蛇的身体是通往秩序之境的通道。玛雅人相信，通过一场放血仪式，能够召唤出神秘的幻象蛇。在仪式中，国王或王后会刺穿自己的舌头，并将一根嵌有荆棘的绳子穿过舌洞，让血滴在碎纸上。玛雅人认为，这种极端痛苦而血腥的仪式，是打通天堂、人间和冥界的必要之举。他们还相信，拥有感知能力的"三界"，都被世界树（Wacah Chan）串连在一起。树的顶端站着天鸟，中间则是蛇棒树枝。当玛雅国王／王后刺穿舌头时，会打开一扇通往轴心的传送门，而轴心则与万事万物相连。此时世界树将转化为视觉蛇，国王／王后和他们的祖先则通过世界树畅游"三界"。这条神秘的通道囊括了量子世界的每一个维度：过去、现在、未来、死亡、生命和不朽都可以毫无障碍地出入。从玛雅的建筑风格中我们也能看到这条通道，而冥界之门

摩西制造救赎铜蛇
的场景。引自古斯
塔夫·多雷的油画
《铜蛇》(1883年)。

西巴尔巴看起来是一条大蛇的蛇口。因此玛雅人的圣洞、寺庙和房屋都装饰着同样的天窗。因为他们相信,"三界"的生灵是能彼此感应的。在此后的几个世纪里,幻象蛇逐渐失去了它们的变化属性,成为库库尔坎或羽蛇神,象征着永恒的"神国"。镶嵌着四根长羽毛的蛇头,是这一变化的主要标志。

即使在把蛇妖魔化的犹太人和基督徒眼中,蛇也有着复活和智慧的含义。旧约先知摩西虽然不是救赎主,却在异教世界和基督徒之间占据着一个奇怪的位置。摩西和他的兄弟亚伦(以及他的蛇杖)被认为可能受到埃及萨满蛇的影响,因为两人使用蛇之神力的方式和犹太人完全不一样。在以色列人出埃及期间,他们的神雅威派遣毒蛇来惩罚不信神的人。在许多人死后,神指示摩西制作一条披在

诺斯替教的耶稣被
描绘成被钉在十字
架上的蛇形救赎
者。引自 16 世纪
的手稿。

杆子上的铜蛇。作为精神和身体净化的载体，蛇不仅能提
供救赎，还能治愈任何被蛇咬伤的人。几个世纪以来，犹
太人一直崇拜铜蛇 Nehushtan，历经几个世纪，直到上帝禁
止偶像崇拜。在新约中这一象征符号再次出现——耶稣声
称摩西的铜蛇是自己显灵的预兆。特图良（Tertullian）认为，
早期基督徒称耶稣为"善蛇"，是因为耶稣把自己比作一条
赎罪的蛇，告诫教徒"正如摩西在荒野怎样举起铜蛇，人
子也要照样被举起来；叫一切信他的，都能得永生"（《约
翰福音》3：15）。马修斯的劝言"我差你们此去，犹如羊
入狼群，所以你们要灵巧如蛇，温顺如鸽"（《马太福音》
10：16）。传达的要义，在诺斯替的《托马斯福音》中更

为明显，后者认为基督让智慧之蛇成为通往天堂的传送门。

法利赛人和经书抄写员掌管了知识的钥匙，他们却把钥匙藏了起来。他们自己不进去，也不让愿意的人进去探索。但你们要聪明如蛇，温顺如鸽。

诺斯替教徒在此基础上更进一步，将雅威视为害怕人类获得知识，带着复仇冲动的"半神"。

他们认为伊甸蛇是雅威的基督教篡位者，把耶稣描绘成一条钉在十字架上的蛇。奥菲特斯人（词源来自希腊语中的 ophis，意思是蛇）甚至崇拜蛇，并且他们的圣餐中

创作于 19 世纪 80 年代的这幅画描绘了达荷美王国一个耍蛇人在喂国王的蛇。

还有一条活蛇。他们会让蛇祝福他们的面包，然后亲吻蛇嘴。因为有了这样的仪式，数千年来蛇和救世主几乎融为了一体。蛇作为连接的通道，在希腊人、非洲人、玛雅人、犹太人，以及基督教和诺斯替信仰中占据十分重要的位置，并且一直活跃到了今天。如今，许多崇拜蛇的宗教仍然把活蛇当作神的化身，这种行为甚至在驭蛇表演和色情表演中还能见到。

驭蛇术

驭蛇是一个十分古老的且宗教氛围浓厚的职业，早已深深融入色情和娱乐业中。当代女性与蛇共舞、魔术师诱蛇起舞，信徒手持蛇的场景，也许是对古代仪式的改编或延续，但这些驭蛇表演彼此也有许多不同之处。

在性感和仪式之间摇摆的蛇舞，早已经脱离了其原始含义。耍蛇这种古老的技艺，至今仍然在亚洲和非洲地区广泛传播。而耍蛇人往往是一个在家族内世代相传的职业。魔术师在进行驭蛇表演时，并不是通过音乐对蛇催眠（蛇听不到音乐），而是通过摇摆的身体或物体来诱骗蛇从篮子里出来。人们对驭蛇表演最常见的指责是，所谓的毒蛇其实是被拔了毒牙的蛇。在西非有一些耍蛇人，会用一种草药浆摩擦蛇，从而固定蛇的下巴，使它们昏昏欲睡。

但在三种表演中，持续时间最长，也最令人困惑的，是拥有悠久历史的驭圣蛇。马沙克认为，驭圣蛇可能是旧石器时代蛇崇拜的起点，也是古代信仰的核心。这一仪式在某些宗教的经书中有记载，而有的宗教至今仍在实践这

1938年，美国路易斯安那州的一位杂耍艺术家正在吃一条活蛇。

一传统。扮演守护蛇精灵的萨满会刻意模仿蜿蜒的蛇形线。蛇舞同样也是一种神圣的仪式。切罗基人、克里克人、尤奇人、塞米诺尔人、易洛魁人、温尼贝戈人、索克人和福克斯人都有模仿蛇的蜿蜒舞蹈。新婚的西非妇女会表演蟒蛇舞，以祈求生育后代。在古代，圣人往往扮演着驯蛇者的角色。在阿卡迪亚语中，祭司的意思是"耍蛇人"，古希腊作家希罗多德和伊姆布利丘斯曾写道：埃及祭司把穴蟒从伊西斯的祭坛上召唤出来。但最富戏剧性的驭蛇术，还是得看几千年后的今天，美国圣洁会和霍皮印第安人用活蛇进行的宗教仪式。

　　把蛇当衣服穿，可表达一种警告的信号。有一些人会

印度的耍蛇人，约
19 世纪 90 年代。

1990 年，库尔德斯
坦的一位苦行僧将
毒蛇的头放在嘴里。

把蛇挂在身上，比如赛利人（Psylli，古代非洲捕蛇人），或者像泰国耍蛇的女性那样，勇敢地把蛇头放在嘴里跳舞。更为引人注目的是圣蛇衣。由于蛇象征着冥府或神力，许多宗教中的女神都穿着圣蛇衣。希腊女神，如雅典娜、阿耳忒弥斯、赫卡忒、珀尔塞福涅、埃里涅斯、特尔斐和克里特人的大祭司，要么手持蛇，要么身上挂着蛇，要么让蛇伴随在其身旁。蛇发女妖美杜莎经常被画成一条活蛇，疯狂的酒神也是如此。凯尔特人的神达努（水、智慧、魔法之神）和艾波娜（马、农业之神）被蛇和布莱特（炉火、科学、文化）缠绕，经过罗马人改造后变为密涅瓦，对应在基督教中则是穿着蛇腰带的圣布里奇特。直到19世纪，还有人祈求这位女神驯服蛇。

2004年，在海地太子港举行的加勒比狂欢节上，披着蛇的庆祝者。

印度微型人像迦梨。

　　而有些披着蛇的女神则可怕得多。大母神，尤其是其后来的化身，常以"创造者—保护者—破坏者"三位一体的形象出现，而蛇则是大母神灭世的使者。巴比伦恶魔拉玛什图，是一个双手持蛇，长着爪子和狮子头的女性。阿兹特克人的科亚特利库埃，是一个穿着蛇裙的女神。作为原始地球母亲，科亚特利库埃是生育／死亡、罪恶／救赎女神（她通过把人的罪恶吃掉来提供救赎），以及天堂／地狱的化身。她的脖子上挂着人手、心脏和头骨制成的项链，原本是头的位置被两条血蛇替代。她的四肢长有爪子。阿兹特克人的女蛇神太阳之蛇（Cihuacoatl）是人类始祖和分娩女神，她被包裹在一条蛇的口中，从张开的蛇嘴向外凝视。

最著名的蛇神也许是印度教三眼女神迦梨（她是原始深渊，世界母亲和破坏者），一个前吠陀时代与湿婆共同统治的女神，直到雅利安入侵。和昆达里尼一样，迦梨可能是从达罗毗荼的女蛇神进化而来的，她是一个身体上下颠倒的半裸女神，头发由卷蛇构成。她的头巾代表"蛇"，任何这种穿衣风格的女神都是一种神秘的象征。迦梨是一个时间神。她黑色的皮肤是虚无，世间万物皆诞生于此，也是最终归宿。她滴落的血液带来死亡（出血）和新生（月经）。作为原始深渊，她是宇宙的子宫。作为世界母亲，她养育了每一代人。作为毁灭者，她象征着生命退化。她总是伸出舌头，衣服始终在流血，并且总是被活眼镜蛇吊着。没有昆达里尼，湿婆就没有力量。因而破坏者迦梨得以在湿婆的身上跳舞。湿婆的脖子或阴茎上往往有蛇缠绕，以强调他与时间之蛇萨克蒂的联系。

今天在各种宗教中，活蛇仍然象征着圣洁信仰，如巫毒教、霍皮唯灵论和五旬节派基督教。巫毒教是从北非和西非宗教衍生出来的，该教把蟒蛇尊为水和生育之神，而蟒蛇图案在该教中经常出现。在海地巫毒教的驭蛇术中，常见到彩虹蛇丹皮特罗以及水神和魔术师辛比。荷属圭亚那的奥比巫术女祭司让一条巨蛇随意跟随她们。19世纪的欧洲人发现，西印度群岛的妇女会用活蛇模拟性爱。这也许是杜撰出来的，也可能描述的是一种在加勒比和路易斯安那州的工人跳的舞蹈，但喜欢这个想法的人仍然愿意相信其真实性。在巫毒仪式上，祭司会模仿蛇蜿蜒前行，甚至盘绕的动作，仿佛自己就是一条蛇。

但霍皮人与活蛇有着更为亲密的关系，并将其尊为神的化身。他们相信死去的巫师会以牛蛇的样子回到人间，如果将牛蛇杀死，其体内的灵魂就能够释放出来。每年在亚利桑那州和新墨西哥州，这一部落会进行一个持续9天的古老降雨仪式——蛇舞。大部分活动都是秘密进行的，部落成员会花4天的时间猎杀一种叫作南提斯（Nuntius，意思是信使）的响尾蛇，最多能捕100条。在最后一天的日落时分，清洗仪式过后，打扮成神话人物的祭司，会在圆环里缓慢地跳舞，期间嘴里叼着活蛇，并不时更换别的蛇叼在嘴里。几小时过后，祭司沿着台地进入圣地，然后把蛇释放，向神传递信息。很少有人报道祭司被咬伤的案例，但一位外部观察员报告称，这些蛇的尖牙已经被拔掉了。

美国圣洁会是基督教五旬节派的衍生宗教，该教也有驭蛇的传统。尽管一些州立法禁止了驭蛇，但这一传统在南部地区并不罕见。这一教派的起源来自他们对圣经"他们将拿起蛇"（《马可福音》16）的字面理解。这段经文要求真正的信徒完成5项任务：赶走恶魔、灵魂倾诉、拿起蛇、喝有毒的液体、医治病人。圣洁会教徒认为蛇虽然是魔鬼的使者，但它们仍然是与基督沟通的媒介，是治疗病人的医者，是灵魂倾诉的对象，是死亡的抗拒者（喝致命

1899年，美国亚利桑那州，一年一度的蛇舞中的霍皮人祭司。

1946年，美国肯塔基州一位手持蛇的圣洁教会信徒。

的液体）和驱逐魔鬼的净化者。

　　圣洁会教徒不论男女老幼，都会经历这 5 项考验。大多数成年人会在内心充满圣洁和狂喜的状态下耍至少两条蛇，有的还会喝毒药。仪式进行到兴奋处，教徒会大声呼喊、祈祷、喃喃自语和奏乐。那些紧紧扎着头发的妇女，一边抱着蛇，一边把头发解开。圣洁会的世代教徒都相信通过这一仪式，他们能够与另一个世界建立真正的联系。一位虔诚的妇女说道，"我们相信你能让死者复活"。但这一仪式并不总是很顺利。圣洁会的教徒从来不会把蛇的毒牙去掉，也不会用牛奶或药物催眠蛇，这导致很多人被毒蛇咬伤，甚至有人因此而死亡。蛇崇拜在世界各地已流行了千万年，因此在一个满是信徒的房间里，看到人们因崇拜蛇而做出种种举动，也没什么好大惊小怪的。田纳西州的木制小教堂也许是一个点燃火炬向希腊酒神巴克斯礼拜的场所。在那里，新入教的信徒兴奋地看着化身成蛇的神；在阳光普照的奇琴伊察广场，玛雅国王割破舌头召唤幻视蛇；在一个阶梯式印度教祭坛上，信徒感觉到了蛇的存在；在炎热的山顶神殿里，米诺斯女祭司双手举起了一条蛇；在埃及香火弥漫的石庙里，祭司从裂缝中召唤出女蛇神；在一个光线昏暗的地下洞穴里，旧石器时代的祖先第一次在墙壁上画出神话里蛇的样子……圣洁会的芭芭拉·埃尔金斯所说的话，很好地概括了这一切：

　　　我从未想过放弃驭蛇仪式。你永远不可能抓住缰绳，然后回头看。现在，我只想多和上帝对话。

第三章　毒蛇

蛇作为推动事物统一的催化剂，其最令人惊讶的特质莫过于毒液——自然界中非比寻常的一种物质。

蛇毒是很可怕的存在。无论是生理上还是心理上，毒液能造成的破坏力都无与伦比。毒液多少也揭示了为何蛇的象征总是那么极端。然而，在大约2600种蛇中，只有约1/4的蛇是有毒的。这些毒蛇生活在海洋中（东南亚的环蛇）、树上（非洲的树栖鳞蛇）、丛林和沼泽中（亚洲的眼镜王蛇）、山里（美国的响尾蛇）或地下（中东的穴蝰）。这600种毒蛇都属于蛇亚目，最早出现于大约4000万年前，该目下有4个大科——蝰蛇科、游蛇科、穴蝰亚科、眼镜蛇科。每一个科都有无毒的蛇。

毒蛇是地球上最先进的物种之一。它们有着流线形的灵活身体、精致锋利的牙齿。相比无毒蛇而言，毒蛇的主要优势在于毒液增强了它们的生存能力。毒蛇能够利用毒液杀死一只大型动物，并且吞下猎物以后能够迅速将其消化。相比那些必须依靠力量制服猎物的蛇类（如森林里的蚺蛇），毒蛇面临在战斗中受伤和长时间消化带来的风险要小得多。但毒蛇也有其固有弱点。它们比蟒蛇更容易受到干燥和寒冷气候影响，繁殖能力较差，伪装能力较弱。

柔软而致命的金环蛇。引自 17 世纪 90 年代帕特里克·罗素对印度蛇的描述。

眼镜蛇头冠上的"眼镜"标记。引自帕特克·罗素对印度蛇的描述。

蛇毒通常成分很复杂，包含许多神秘的自然特性。法国原子能源公司的蛋白质化学主任安德烈·梅内斯（André Ménez）将毒液比喻成一个"非凡的工厂"，因为它的创造力和破坏力都如此惊人。长期以来，不少科学家都在试图深入理解毒液。但即使到了20世纪50年代，科学家们仍然不知道如何对其进行分类。人们通常认为毒蛇利用毒液麻痹猎物，直到20世纪60年代的国际研究都支持这一观点。到了20世纪70年代，毒液中的蛋白质被成功分离，这时其化学成分的复杂性就显露出来了。

科学家们一直想弄清楚毒液的功能和成分，但这并非完全出于好奇。毒液能够让目标动物的身体产生各种极端症状，从出血到出汗再到谵妄等，因此毒液不仅是致命物质，它也可以用来治疗，或者用于科研工作。毒液往往会让人产生强烈的幻觉，也许这就是许多神秘的先知预言的成因。美洲印第安人的分支——苏族人认为，如果一个跳舞的年轻人被蛇咬了而没有死，他便会经历意识觉醒的过程。（自古以来，舞蹈就被认为是对神秘事物的狂热模仿，至今仍有人将其视为揭示神秘事物的手段。）在特尔斐城，蛇毒被人用来产生幻觉。甚至有科学家表示自己被蛇咬了以后，能够看到许多幻象，感受到自己获得了强大的能力。自古以来，毒液就被人当作缓解忧郁、咳嗽、湿疹、阳痿和瘟疫等各种问题的药物。时至今日，这些理念仍然活跃在东西方的各种治疗术中。在亚洲，人们普遍认为蛇是一种很有用的药材。作为阴阳平衡中阴的一面，蛇在循环或免疫系统中有着激活血脉，振奋精神的功效，是许多治疗药方的组成成分。在中国，蛇胆是一种广受欢迎的滋补品，在中药店里都可以找到（特别是铜头蛇、草蛇和黑环蛇）。蛇胆用酒精蒸馏后，即可作为日常滋补饮品。西医在此方面的应用则要广得多。围绕老年痴呆症、中风和乳腺癌等致命疾病的科研攻关取得了一个又一个突破。

蛇咬伤的作用机制到底是什么？根据毒素的种类，蛇咬伤会引发多种反应，并且严重程度是递增的。这些症状包括头晕、刺痛、呼吸困难、休克、眩晕、出血、出汗、流口水、寒战、管状视野或视力模糊、恶心、压痛、瘀伤、肿胀乃至皮肤开裂、组织坏死导致肌肉变黑、癫痫、嗜睡、昏迷、瘫痪、大出血、坏疽、血压下降、心脏病发作，以及在某些情况下会导致破伤风、截肢、留下伤痕、永久性神经损伤乃至死亡。而失血量有时高达 1.5 升。

尽管蛇毒通常被分为神经毒素和血毒素，但所有的毒液都含有两种成分。所以虽然将蛇毒进行明确归类的做法是不严谨的，但考虑到每种蛇携带的某一种毒素总是会更多，因此习惯上我们根据占主要成分的毒素对蛇毒进行分类。神经性蛇毒会阻断神经受体，破坏神经系统，从而导致受害者瘫痪，肌肉停止工作，呼吸衰竭，身体衰亡。在世界各地的游蛇科和眼镜蛇科，包括眼镜蛇、珊瑚蛇、海蛇和环蛇，都有这种毒素。蛇毒中的血毒素包含一种阻止凝血的化合物，会稀释受害者的血液，导致其大出血，最终因失血过多而亡。

北美的蝰蛇科蛇类如响尾蛇、铜头蛇、水生铜头蝮蛇的蛇毒中都包含这种毒素。蛇的体形、毒液用量、伤口深度甚至气温（蛇在冬天分泌的毒液较少）等变量都会影响受害者被蛇咬伤的效果。蛇能够控制释放多少毒液，通常每次只释放最大量的10%。释放的毒液量因物种而异，甚至因地区而异。控制毒液量的释放非常重要，因为毒液需要两周到两个月的时间才能得到补充。即便不幸被毒蛇咬到并留下伤口，也有20%~30%的受害者血液中并没有检测到毒液，因为蛇在袭击前就已经喷出了毒液。

蛇毒真是一种复杂而危险的生物物质。蛇毒本质上是一种唾液，历经数百万年从简单的消化液演化而来。尽管毒液是一种防御手段，但它能够分解和麻痹猎物，使吞咽猎物更加容易。蛇是肉食性动物，所有的蛇都不能咀嚼或撕咬猎物。蛇身体柔软而脆弱，也没有四肢、獠牙或爪子来抓住猎物。因此，需要依靠蛇毒制服被咬的猎物，然后迅速腐蚀它们的身体。当器官和肌肉开始腐坏，或血液大量渗出时，猎物的身体就会发生肿胀。毒液还能帮助消化，以免尸体在胃里变质。

蛇毒是一种透明、深色或淡黄色的黏性液体，由许多酶组成，其中90%是蛋白质。酶是生物活动的催化剂（这让人联想到蛇作为生命起点的象征意义）。蛇释放毒液的主要目的是破坏组织，让毒素遍布体内。科学家在世界各地的蛇毒中发现了25种酶。其中有10种酶在所有的蛇中都有，其余15种以不同的比例存在于不同种蛇的毒液中。毒蛇能产生复杂毒液的原因在于蛇的毒腺，一个用来分离蛋白质和毒素的器官。蛇的毒腺分别"包裹"蛋白质和毒素，然后通过某种未知的机制将二者结合在一起，从而激活其毒性，就像将两种胶水成分混合在一起以激活其黏性一样。神话蛇的对立与统一的形象有其生物学基础。

　　蛇的毒液来自眼睛和嘴之间的椭圆形腺体，该腺体一直延伸到头骨的后部（在大多数蛇中是如此；但在某些蛇中，如东南亚的蓝长腺珊瑚蛇，毒液腺贯穿了蛇的半个身体）。蛇的眼睛下面有一条细细的管道通向毒牙，毒牙是中空的，有点像皮下注射器的针头，它通过毒牙将毒液射出。不同科的蛇，其腺体也有所区别。游蛇体内有一个"达氏腺"（Duvernoy gland），蝰蛇、眼镜蛇和海蛇则有一个更大的"毒液腺"。二者都有一个附属腺体，包裹在毒牙的牙龈处。

　　毒牙会定期脱落，每隔几个月更换一次（在当前使用的毒牙后面隐约能看到新牙的痕迹）。和毒液一样，经历了漫长演化的毒牙已变得十分多样，在展示自身优越性的

攀在红薯上的北美珠蛇。

92

同时也深刻地影响了毒蛇的生存方式。齿型是蛇分类的一个基础因素。原始的无沟齿（aglyphous，希腊语，意为"没有凹槽"）蛇，如盲蛇和蟒蛇，长着整齐的牙齿，没有尖牙。随着蛇牙的演化，牙齿变得越来越轻，大多数蛇的牙齿表面凹槽向内折叠并形成中空的封闭管道，也就是今天我们看到的尖牙。毒蛇的尖牙通常位于口腔的前排或后排。我们把尖牙位于后排的毒蛇（位于眼睛正下方）叫作后沟牙蛇（opisthoglyphous snake）。在 20 世纪中叶之前，爬行动物学家大大低估了这类毒蛇（比如南非树蛇）的致命性。直到两位著名的科学家死于这类毒蛇的攻击之后，人们才对其毒性有了深刻认识。随着毒腺的演化，毒牙也逐渐变尖。前沟牙蛇（proteroglyphous snakes）有长度各异的针状尖牙，几乎延伸到鼻孔下方。所有的眼镜蛇都属于这一类。美洲珊瑚蛇用它们的短牙咬住并咀嚼猎物，然后注入毒液。印度的长牙眼镜蛇则相反，它们会以惊人的速度出击，将尖牙刺进猎物身体，然后迅速拔出。有些蛇的尖牙是固定的，有些则是铰接的，这样毒牙可以折叠在下颌骨上方，直到肌肉把它们向前拉到攻击位置。环管牙蛇（solenoglyphous snake）和蝰蛇演化出的毒牙最为复杂。它们的两颗铰接的前尖牙，在张嘴咬猎物的瞬间会弹出来并锁定位置。它们的嘴能张到 170 度，因此攻击时速度很快，造成的伤口也很深。这常见于美洲的响尾蛇、非洲的鼓腹咝蝰、印度的锯鳞蛇以及蝮蛇（如拉丁美洲的三色矛头蝮）。

毒蛇能够在 0.065 秒内弹出毒牙发起攻击。它们的攻击速度高达 36 千米每小时，速度快到几乎无法用摄像机捕捉。致死率最高的毒蛇是锯鳞蛇、眼镜蛇和红黑矛头蝮。体形较大的毒蛇有眼镜王蛇（长 3~5 米）、穴蝰、铜头蛇、响尾蛇、珊瑚蛇、水生铜头蝮蛇、锯鳞蛇、曼巴蛇、加蓬咝蝰、死亡蝮蛇、鼓腹咝蝰、南非树蛇和三色矛头蝮。毒性最强的是生活在内陆的太攀蛇、眼镜王蛇和黑曼巴。其中黑曼巴是一种身形细长、颜色暗淡的蛇，分布于非洲撒哈拉以南，能够分泌世界上最致命的毒素。它们的移动速度高达 14.5 千米每小时，还可以将身体的 2/3 立起来，并将在几秒内完成攻击，在几分钟内杀死猎物。

虽然无论在肉体层面还是精神层面，蛇毒都是非常可怕的存在，人们也常把蛇毒和疾病或伤害联系在一起，但它却是一个创造了许多医学奇迹的秘密武器。蛇毒能够加速体内的生理变化，如溶解毛细血管壁，使红细胞或白细胞恶化，改变心律、导致心脏骤停、抑制或促使血液凝固、阻断神经冲动、停止横膈膜运作、干扰脑电波，等等。由于这些迅速的生理促进作用，蛇毒被用于研究治疗疾病，如乳腺癌、中风、帕金森病、心脏病、高血压、心绞痛、神经炎、血栓、癫痫、白内障、格里格症、老年痴呆症、关节炎、风湿病，以及致命性疾病，如疟疾、肝炎和肉毒杆菌中毒等。蛇毒是一种十分有效的止痛药、抗凝血剂或凝血剂。有时它是一种能控制相反状态的酶。

世界各地的实验室和大学都在研究蛇毒的特性，其中最大、最先进的蛇毒研究中心在巴西、坦桑尼亚和美国。这些机构人工繁殖或从野外捕捉毒蛇。经过特殊处理后，

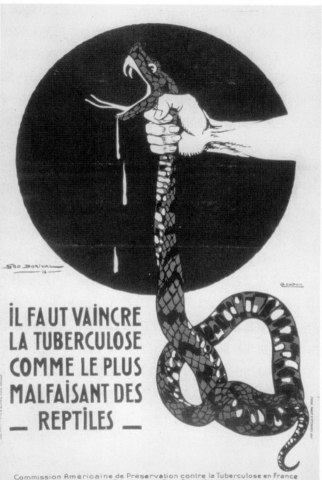

IL FAUT VAINCRE
LA TUBERCULOSE
COMME LE PLUS
MALFAISANT DES
— REPTILES —

Commission Américaine de Préservation contre la Tuberculose en France
Bureau de la Tuberculose. Croix Rouge Americaine

1918 年法国石版
海报中，象征结核
病的毒蛇。

毒蛇出于焦虑或被过度采毒的原因，会产生更多的毒素。产出的毒液会出售给客户。眼镜蛇、珊瑚蛇、环蛇和蝮蛇毒液的交易十分活跃，其中大部分蛇毒可以通过网购获得。这些机构通常人工饲养数千条蛇，并将它们关在小盒子里，严密监控。这些地方一般而言是不对外开放的（以防传染），进出人员需要做好消毒清洁工作。特定的毒液只对特定的疾病有效。此外，由于毒液的成分复杂，并且成分变化跨度很大，因此只有部分成分能够从蛇毒中提取出来。基于毒液开发的产品并不总是有效，一部分是由于其潜在的风险，另一部分是因为毒素太复杂，科学家很难破解其中的奥秘。然而，制药公司在蛇毒药品的销售上仍然赚了不少钱。20世纪30年代，一位纽约医生开始用蜘蛛毒缓解疼痛，之后便转向眼镜蛇毒液，成就了一种使用了20年的强镇痛药。它比吗啡更有效，但副作用是使用者会产生视觉重影和胃部不适。到了20世纪60年代，科学家扩大了蛇毒用药的实验范围。巴西的研究人员从巴西矛头蝮毒液中分离出一种肽，研究出一种副作用很少的高血压药物卡托普利。铜头蛇毒液中的纤维酶能够溶解血栓，目前正在研究它是否能预防中风、心脏病和类似的心血管疾病。这种蛇的毒液中还有一种蛋白，叫作蛇毒解聚素（contortrostatin）。它是一种抗凝血剂，目前科研人员正利用这种蛋白开发乳腺癌和卵巢癌的治疗药物，因为它可以阻止恶性肿瘤细胞进入血液。自20世纪70年代以来，眼镜蛇毒中的细胞毒素一直是癌症治疗的研究方向之一。这种毒素能够让细胞分解，从而破坏肿瘤。眼镜蛇毒也被应用在多发性硬化症和帕金森病的研究中。止痛剂也是基于蛇毒研发的。在中国，以眼镜蛇毒为基础的制剂，如阻止神经传递的 Cobroxin 和减少关节炎疼痛的 Nyloxin，应用非常普遍。海蛇毒对记忆力衰减有一定的治疗效果，已成为老年痴呆症研究的关键。马来西亚蝮蛇在中风研究中也有一定的作用。科学家从这种蛇的毒液中提取了一种抗凝血剂 Arvin。

蝮蛇蛇毒在促进血液凝固和溶解血栓方面效果特别好。美国的默克公司在 20 世纪 90 年代末推出了强大的抗凝血药盐酸替罗非班（Aggrastat），这种药是基于锯鳞蛇毒开发的。Protac 是一种治疗血栓的药物，基于水蝮蛇的毒液开发而成。巴曲酶（Batroxobin）是一种从红黑矛头蝮毒液中提取的酶，是药物立止血（reptilase）的有效成分之一。这种成分纠正了纤维蛋白原中的缺陷，而纤维蛋白原是凝血所必需的血浆蛋白质。降纤酶（defibrase）中也有巴曲酶成分，其作用是让血栓凝固，这和溶解血栓的作用正好相反。（再一次，神话蛇的对立统一在现实蛇的身体里得到了展现。）β 受体阻滞剂常用于治疗心血管疾病，该试剂也是基于三色矛头蝮的蛇毒研发的。2004 年，β 受体阻滞剂（普萘洛尔）作为抗记忆衰退的活性剂被推入市场。

顺势疗法也选择利用蛇毒进行治疗。1882 年，英国顺势疗法专家 J.W. 海沃德（J.W.Hayward）发表了一篇关于响尾蛇毒液优点的长篇论文。时至今日，顺势疗法仍在使用蛇毒治疗疾病，蛇毒疗法在所有顺势疗法中占比约 2%，特别是在与心脏、血液循环、疼痛和出血有关的疾病疗法中尤为常见。

安德烈·梅内斯认为，未来的药物研究有两条路线：继续开发新药，或者"模仿毒液研究类毒素化合物，开发特殊的靶向治疗药物"。后一条路线仍未实现，但梅内斯相信，毒素的特殊结构总有一天会被人类应用于根除艾滋病等顽疾。

直到 17 世纪，人们才开始深入研究蛇及其毒液。古代的自然历史学家，如亚里士多德和普林尼，以及中世纪的自然历史学家，看待蛇的角度逃不出寓言和传说。到了 16 世纪，欧洲人开始对毒液感兴趣，但仍然停留在幻想阶段。爱德华·托普塞尔（Edward Topsell）于 1608 年写了《蛇的历史》（*The Historie of Serpents*），尽管书中有部分描述是准确的，但它本质上还是一本故事汇编。但 17 世纪也出现了一本关于毒液研究的严肃著作。帕拉塞尔苏斯（Paracelsus）的比利时弟子、知名化学家扬·巴普蒂斯塔·范·海尔蒙特（Jan Baptista van Helmont）是第一个认识到了气体中包含不同成分的人。他认为蛇毒是某种"烦躁不安的灵魂"，一种极寒之物，会使血液凝固从而致人瘫痪死亡。意大利医生弗朗切斯科·雷迪（Francesco Redi）通过简单的实验推翻了这种猜测，他推断毒液是从尖牙中释放的致命液体，但真正通过实验装置揭开蛇毒之谜的是另一位意大利人费利克斯·丰塔纳（Felix Fontana）。1781 年，此时的费利克斯虽然还无法区分不同毒液的作用，但他在关于蛇毒的论文中已经认识到毒液能够使血液凝结，这是毒液研究中非常重要的一项发现。他还证明,直接吞下蛇毒不会使人中毒,只有通过血液接触蛇毒才会发挥毒性。同时代的瑞典自然学家卡尔·林奈是第一个对蛇进行系统分类的学者。在接下来的 100 年里,蛇的分类系统日趋完善。到 1854 年,齿型也被纳入蛇的分类系统当中。随着化学的发展,科学家成功分离并命名了许多种"蛋白质",因此包含复杂蛋白质的蛇毒开始吸引科学家的目光,针对特定毒液的实验开始兴起。描述毒液特性的第一张图表绘制于 1901 年。到了 20 世纪 20 年代,科学家发现了蛇毒毒性和免疫原之间的重要区别,从而开启了当代抗蛇毒血清的研究。

幸运的是,由于蛇血液中的蛋白质可以解毒,几乎所有的蛇都对自己的毒液免疫。因此对人类来说,研制抗蛇毒血清的必要性是显而易见的。和任何疫苗的研发一样,抗蛇毒血清必须从毒蛇身上提取。把蛇的毒牙塞进有盖的玻璃杯,毒液就会从蛇身上"榨取"出来。有些蛇(如

提取蛇毒。

眼镜蛇）最好是用手挤，这样会产生更多的毒液。还有的蛇（如蝮蛇和曼巴蛇）需要把电极放在蛇的头部，迫使其肌肉收缩并释放毒素。毒液经过冷冻干燥，并封装好后，需要在 –50℃的黑暗环境中保存，这样毒液可以保持几十年的活性。（即使是制成标本的蛇体内也有致命的毒液！）将蛇毒粉末（混有少量液体）注射到马体内，之后马的血浆便会慢慢产生抗体，可用于制作带抗体的血清。1954 年，这种血清首次在美国使用。但在过去 10 年里，科学家利用羊血研制出效果更好的血清，显著降低了过敏风险。多价血清（能够与多个抗原反应的血清）很难制备，与某种特定的蛇匹配的血清效果最好。例如，非洲中部制备的血清主要来自东部的绿曼巴和黑曼巴、某些眼镜蛇以及鼓腹咝蝰。在欧洲，抗蛇毒血清通常取自蝮蛇，如蝰蛇和穴蝰。

每年约有 125 000 人死于蛇咬伤，其中 1/5 的死亡发生在美洲和非洲，其余在亚洲。通常蛇的生活习性较为隐秘，被蛇咬伤比被闪电击中更难发生，但在有些国家却并

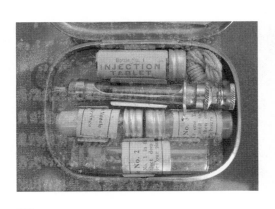

20 世纪初治疗蛇咬的医疗包。

100

非如此。印度人口稠密，农村人口众多，是因毒蛇致死人数最多的国家。世界上每 4 个被蛇咬死的人中，就有 1 个是印度人。而罪魁祸首之一，便是印度本土物种锯鳞蝰。抗蛇毒血清在印度很受欢迎，而印度有着世界上最熟练的捕蛇人。1972 年印度禁止蛇皮交易以后，伊鲁拉捕蛇合作社反而迎来了生机。印度南部的伊鲁拉部落，世世代代靠卖蛇皮谋生。法律禁止蛇皮贩卖以后，当地的蛇贩子变成了收集毒液的捕蛇人。

蛇解药有一段奇怪的历史。纵观历史，毒杀在世界各地并非一种罕见的谋杀手段。无论是地中海还是远东，人们普遍都对此感到恐惧。甚至犹太神雅威也用毒药作为报复手段，他派了"火蛇"（《民数记》21：5）来咬逃离埃及的以色列人。当时人们经常服用解毒剂，甚至无论是否有效都将其当作日常饮品，以保护自己。商贩称得上是"人群的焦点"，他们会在市场上兜售各种抗蛇毒血清。罗马博物学家老普林尼曾表示，从商贩手里买抗蛇毒血清的人一定是疯了。这类兜售药物的江湖骗子在几个世纪后则摇身一变，成了"蛇油"推销员。

已知最早的毒液和抗蛇毒血清贸易可以追溯到公元前1500 年北非一个叫作赛利（Psylli）的捕蛇部落。赛利人以对蛇咬伤的天然免疫力而闻名，也许是因为他们经常被未成年的蛇咬伤，从而获得了免疫力。赛利人甚至会将婴儿暴露于蛇出没的地方来证明其部落血统。一旦发现有蛇出没，他们就会高声尖叫，口吐白沫，用牙齿把蛇咬碎。当赛利人与蛇共舞时，他们会触摸蛇以汲取其力量。这一舞蹈传统一直延续到了 18 世纪。就连拿破仑在埃及时也派手下去请赛利人驱逐过一条眼镜蛇。其他著名的古代蛇贩子还有北非的纳萨莫内斯人（Nasamones）和古底比斯人（Palaeothebans）、塞浦路斯的蛇人（Ophiozenes）和意大利的马西人（Marsi）。普林尼形容马西人和赛利一样，也对蛇毒有免疫力。而马西人对蛇毒免疫的能力继承自他们的祖先瑟茜——诱捕奥德修斯的女巫。16 世纪出现了一群宝林人（Pauline），他们和马西人一样对蛇毒有免疫力，并且把自身的免疫力归功于圣保罗。同一时期的法国人则用蛇来预防疾病。在路易十四的宫廷里，混合了橄榄油的蛇粉曾被作为解毒剂（实际并没有效果）给中毒的奥尔良公爵夫人服用。

古埃及人认为被蛇咬伤是一件很严重的事情，他们甚至认为被咬的人的灵魂已被玷污。即使是木乃伊，只要被蛇咬了一口，就只有冥界的大门对其开放了。公元 1 世纪，希腊医生迪奥斯科里德斯（Dioscorides）称赞了牛舌草预防蛇咬伤（或任何中毒）的效果，但警告说它必须在被咬伤前食用。服用牛舌草会使人分泌大量的汗液和乳汁，它能预防两类疾病：一类是生理上的，如感冒发烧；另一类是心理上的，如忧郁症。另一种对蛇毒有效的植物是拉丁美洲的弗吉尼亚蛇根，据说这种草药能够让蛇麻醉，这是埃及养蛇人的拿手把戏。匍匐花葱根，一种北美植物，对蛇咬伤、皮肤病和肺病有疗效。蛇纹石，一种绿色的斑点石头，据说可以治疗蛇咬伤和缓解头痛。把柠檬汁和罗望子混合，然后用犀牛角喝下去，据称可以作为蛇咬伤的补救措施，部分原因是抗坏血酸能够加速伤口愈合。罗马作家塞尔苏斯（Celsus）记录了一种有数千年历史的疗法，直到最近10年才被医学界否定。他建议被咬者使用止血带，在伤口附近划开几道口子，然后把血吸出来。这种做法也是12世纪拉比学者、萨拉丁医生摩西·迈蒙尼德斯提倡的，他用毒液治疗麻风病和癌症。（现在我们已经知道，被蛇咬了以后绝对不应该盲目采取干扰措施。吸吮、服用止痛片、冰敷或涂抹酒精等方法只会造成进一步的伤害。抗蛇毒血清就是最好的补救措施。）阿拉伯牛黄是一种主要在羊胃里发现的石头，据说可以中和毒药。还有人通过一种奇怪的仪式，利用菊石（烧焦的牛骨）从伤口中吸取毒液。在印度传统的蛇节（Nag Panchami）期间，印度村民会去捉蛇并给它们喂牛奶喝，以期未来不出意外。如果不幸被蛇咬了，印度人会拥抱一根加鲁达柱，祈求对蛇毒免疫的加鲁达神。塞内加尔养蛇人出售的 gris-gris 护身符，可以绑在腿上或手臂上，据说能够防止被蛇咬伤。苏丹人佩戴头巾，小皮箱里装着各种护身符和古兰经，据说这样就能防止自己被蛇咬。如果不幸被咬了，他们便在伤口周围画一个五角星，作为对所罗门的祈祷，所罗门是阿拉伯精灵的统治者，也是犹太恶魔的统治者（形象为一条蛇）。在20世纪后期，医学界提倡把电击作为蛇咬伤的治疗手段，尽管这种疗法的效果从未得到证实。

有记载的最早的蛇毒解药出现在公元前3世纪，这种奇怪的疗法持续了2000多年，直到19世纪才被废除。迦太基领袖汉尼拔曾对罗马人发动生物战，向其船只投掷装满毒蛇的瓦罐。蛇在甲板上挣脱开来，把水手们咬得跳到海里面去。（在美国革命期间，愤怒的反殖民者提出过类似的策略，主张在伦敦的公园和私人花园里放生响尾蛇。）罗马将军尼隆（Neron）的医生安德罗马科斯（Andromachus）受将军的指示，寻找一种简单的抗蛇毒血清。在某些版本的故事中，他篡改了皇帝尼禄的谕令，而原本皇帝求的是一种万能药。两个版本的故事中，安德罗马科斯的解药配方都包含干毒蛇肉和鸦片等成分。这种解药叫作 theriake（来自希腊语 riaka，意思是用于动物咬伤的药物）。后来人们把这种药叫作"糖浆解毒剂"，不久就简称为"糖浆"。在罗马版的故事中，有一种包括 64 种（或 73 种）药物和香料的蜂蜜膏药。"糖浆"作为一种万能的保健品、药物可谓声名远扬。而它作为解药的疗效也不容小觑。无论是治疗恶魔附身还是瘟疫，甚至最简单的溃疡或最难以捉摸的抑郁症都不在话下。今日的威尼斯早已是蓬勃发展的糖浆贸易的主要港口，而在 12 世纪，威尼斯生产的解毒糖

作为蛇咬解毒剂的芭蕉。引自 15 世纪意大利植物馆。

浆供应到了欧洲大部分地区，于是"糖浆"变成了"威尼斯糖浆"。当这种药在意大利小镇奥维多（Orvieto）第一次销售后，也有人把它叫作"奥维多糖浆"。这种糖浆的成分是什么？

17世纪的草药学家尼古拉斯·库尔佩珀在他的《草药》（*The Compleat Herbal*）中给出了完整的威尼斯糖浆配方，其中包括"毒蛇药片""底比斯鸦片"、松节油、没药、玫瑰、肉桂、甘草、夏至草、欧芹、肉豆蔻、硫酸铜、烧焦的藏红花、茴香、胡萝卜和金丝雀酒，再加上75%的蜂蜜，混合成一种膏状物。库尔佩珀声称这个药方包治百病。该药能抵抗毒液，治疗毒兽咬伤、头痛、眩晕、耳聋、癫痫、惊愕、中风、眼昏、失声、哮喘、急慢性咳嗽、痰多、吐血、呼吸困难、胃寒、风、胆寒、嗜血、黄疸、脾脏硬化、静脉和膀胱结石、排尿困难、膀胱溃疡、发烧、水肿、麻风等病症。它还会引发月经，帮助女性分娩和产后恢复，缓解关节疼痛。除了减轻身体不适以外，它还能治疗精神问题，如无端恐惧、忧郁等，并且是治疗瘟疫热的良药。

托马斯·富勒的《传统药典》（*Pharmacopoeia Extemporanea*, 1710）在描述威尼斯糖浆的章节中集中讨论了毒液的已知特性：

> 它能活血化瘀、治疗内伤、利汗利尿，对分娩后的妇女很有好处。如有擦伤或瘀血，则出血后每日服用3次。

一篇13世纪的阿拉伯论文，描述了公元前3世纪希腊医生安德罗马科斯治疗蛇咬伤的方法。

　　1746年出版的《伦敦药典》也记录了这副药的70种成分。在安德罗马科斯制成糖浆之后的近2000年里，威尼斯糖浆仍然是一种需求量很大的药剂。

　　在中世纪，威尼斯糖浆是最广泛使用的万灵药之一，仅次于水蛭。12世纪的波斯手稿《糖浆之书》引述了两个关于糖浆的神奇疗效的故事。这两个故事中，毒液都是中

106

和蛇毒的良药。这不仅展现了抗蛇毒血清的特性，也呼应了美杜莎的石化／保护作用，以及新石器时期的两条相互缠绕的蛇组成的蛇杖。在第一个故事里，有一位国王的侍臣不幸被敌人下毒，然后又被蛇咬了一口。蛇毒中和了这位侍臣体内的毒素，于是他便活了下来。在第二个故事中，安德罗马科斯医生（今天我们称他为药剂师安德罗马科斯）看到一个麻风病人在喝了装有毒蛇的酒后被治愈。中东流传的糖浆叫作 tiryák，是用几乎相同的配方制成的，其中疗效最好的糖浆来自伊拉克。

自然而然地，糖浆成为了刀枪不入的防御象征。库尔佩珀把大蒜称为"穷人的糖浆"。在基督教的隐喻中，蛇象征着邪恶，而抗蛇毒血清则象征着耶稣。杰弗里·乔叟则把两者视为一体，宣称"基督是万恶之源"。亨利八世顽固的天主教大臣托马斯·莫尔也持有类似观点，主张"用最强力的糖浆对付这些恶毒的异教徒"。在 1568 年的《旧约》中（《耶利米书》8：22），基列城的"香膏"被翻译为"糖浆"；今天我们仍然把 16 世纪的《旧约》版本称为"糖浆圣经"。用"糖浆"代替"香膏"巧妙地将邪恶与蛇联系起来，这意味着抚慰灵魂的香膏能够驱散邪恶，就像解毒糖浆能中和蛇毒一样。但在《旧约》中，代表"邪恶"的蛇同时也是有治愈功能的蛇（《圣经》中的糖浆是由蛇肉制成的），就像邪恶的伊甸蛇在诺斯替教中则化身为救世主一样，或者父系氏族的光明世界是从母系氏族的黑暗蛇的身体中形成那样。

13 世纪，出现了一种与威尼斯糖浆高度关联的药物，叫作"木乃伊"（mummy）。这是一种令人称奇的人体药物：由干尸、捣碎的头骨、大脑、心脏、头发、血液或尿液制成。直到 19 世纪，这种奇药仍然在某些地区售卖。据说许多严重的疾病，如癫痫、瘫痪或眼疾，都用"木乃伊"来治疗。将其与威尼斯糖浆混合，便能治疗溃疡，改善皮肤，甚至抵抗衰老。此外，当时也有使用人类唾液治疗蛇咬伤的记载。

威尼斯糖浆还和炼金术有关系。15 世纪，著名的炼金术士巴拉赛尔苏斯（Paracelus）简化了安德罗马科斯的糖浆配方。他制成的糖浆叫作巴拉赛尔苏斯鸦片酊（Laudanum Paracelis），是一种备受欢迎的药物。不过这个名字也表明，威尼斯糖浆的用途逐渐转向了麻醉剂。在 16 世纪，当范·海尔蒙特（Van Helmont）阐述他的"愤怒的灵魂"理论时，法国药剂师莫伊斯·查拉斯（Moise Charas）正在他的药房捣鼓"金蛇"——以蛇为药引子的糖浆变种。取生蛇或煮熟的蛇，将蛇肉捣碎、焚烧、蒸馏、浸泡，制成药水、药膏、泥敷、药糊和丸剂，等等。

在瘟疫肆虐的时期，人们把"上好的威尼斯糖浆"与延胡索混合后服用。延胡索是一种草药，可用于滋补身体、清洁皮肤、净化血液。也有人把糖浆和山萝卜混合服用（这种药和波斯糖浆有着奇妙的联系）。欧洲人常用山萝卜清肺化痰以及治疗麻风病。服用这种药后排出的汗水则被制成了预防药。库尔佩珀还建议将威尼斯糖浆与草药洋委陵菜（tormentil）混合，认为这种混合物能够治疗中毒、瘟疫、天花等顽疾。

洋委陵菜是促进气血／体液平衡的药物，使用时可通过鼻子吸嗅、口服或外用于腹部。将这种草药的根和挤出的汁液（或煮出的汁液）与威尼斯糖浆一起服用后，服用者便会大量出汗，从而排出体内毒素，或缓解瘟疫、发烧的症状。据说该药还能治疗多种传染病，如天花、麻疹等，皆因该药包含的解毒剂成分。

丹尼尔·笛福（Daniel Defoe）在1665年的《瘟疫年纪事》（*the Journal of the Plague Year*）中记录称，自己每次服用威尼斯糖浆后都会出一身大汗，感觉自己对瘟疫感染的抵抗力又提升了一点。

显然，毒蛇的隐秘联系无所不在。英国人威廉姆·利利（William Lilly）在1647年的《基督占星术》（*Christian Astrology*）中将威尼斯糖浆视为墨丘利（Mercury，罗马神话中持有双蛇杖的神）的象征。毫无疑问，这种联系是通过蛇建立的。在占星学里，墨丘利也是山萝卜的主宰。

到了18世纪，威尼斯糖浆变成了催眠药。英国文学家塞缪尔·约翰逊（Samuel Johnson）把糖浆比作"杀人护士"，这是因为济贫院里的护士常用糖浆让婴儿"安静下来"，直至婴儿死亡。糖浆还有一个别名，叫作"上帝啊，怜悯我吧！"显然是在为那些冤死的婴儿呼喊。威尼斯糖浆曾是家庭药箱的必备药之一，但如今液体鸦片酊（显然是威尼斯糖浆的"表亲"）比酒精还便宜，早已取代了糖浆的地位。威尼斯糖浆还和芸香、大蒜、麦芽酒、白粉一起，出现在爱尔兰和英国的预防狂犬病的食谱中。据说这一食谱能治疗吐胆性绞痛。在美国报纸上的草药销售广告中，威尼斯糖浆常与硼砂、月桂树、蓖麻油和许多其他草

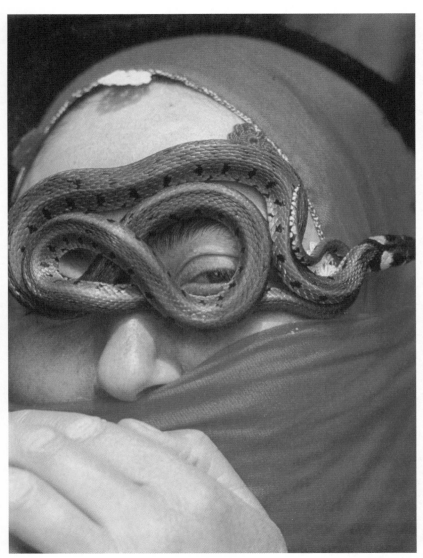

把蛇缠在头上进行治疗，这种古代疗法今天在土耳其仍然在使用。

药陈列在一起。

到了19世纪，威尼斯糖浆基本上等同于鸦片了。然而，英国作家沃尔特·斯科特爵士在1821年的小说《肯尼沃斯》（*Kenilworth*）中提到了一种古老的威尼斯糖浆。这种曾经"无论是学者还是平民都十分喜爱的"糖浆在小说中成为"抵御毒素的最佳良药"，可以说恢复了昔日的荣光。当代中医使用蛇来治疗相同的疾病和威尼斯糖浆的治疗范围很类似：头痛、背痛、关节炎、风湿、早泄、阳痿、抑郁、失眠、食欲不佳、神经衰弱、悲伤、咳嗽、呼吸急促、痤疮和皮肤炎症。蛇胆是万能药的基础，有时人们会把它和香油一起涂抹在皮肤的感染处。蛇胆也被用于治疗发烧、哮喘、过敏等症状。

美洲印第安人用响尾蛇治病，而亚洲人和欧洲人用的则是蝰蛇。纳瓦霍人（印第安人的一支）会吟唱"美丽圣歌"来预防蛇咬，并且这首圣歌能预防的其他疾病和威尼斯糖浆十分类似：风湿、喉咙痛以及肾、膀胱和肠胃问题。纳瓦霍人认为响尾蛇治疗头痛很有效，他们把蛇皮或蛇肉绑在头上，有的甚至会全身包裹一条活蛇。有些寻找替代疗法的人，会尝试用这种方法治疗自己的疾病。（罗马尼亚人认为头痛和蛇有关。传说把蛇头碾碎后，头痛就消失了。）响尾蛇的肉被用于治疗肺结核、肺气肿等胸部疾病。而蛇皮有时被制成干燥粉末，作为清洁血液的药物。苏人（印第安人的一支）认为响尾蛇是人类的近亲，把它们发出的嘶嘶警告声当成友好的邻居在打招呼。苏人从不杀响尾蛇，这是因为他们相信一个讲述四兄弟故事的古老的传说，其中三个兄弟变成了巨大的响尾蛇。当四弟在战争开始前寻求他们的帮助时，三条响尾蛇提供了一包药。正是这包草药世世代代守护着他的部落。墨西哥印第安人用响尾蛇的脂肪制作止痛药，用于治疗肿瘤和肿胀。这种油被制成药膏，用于治疗各种疼痛疾病，如关节炎、风湿病以及坐骨神经痛等疾病。蛇胆与白垩混合，用作治疗发烧和天花的口服冲剂。

这种历史悠久的缓和药是基于蝰蛇研发的，无论时代怎样变迁，它神奇的治疗恢复作用一如上古和史前时代的记载。蛇作为一种真实存在或想象的载体，保留了对抗最严重伤害——毒药、癌症和瘟疫——的力量。从某种意义上说，蛇欺骗了死亡。就像鬼蛇无意识地存在于希腊人的头脑中一样，蛇作为守护者、复生者、复兴者、治愈者和催化剂（幽冥蛇神的主要属性）存在于上述所有疗法之中。这些药方的存在，让创世蛇善恶难分，让英雄和恶棍混为一体，正如在双蛇杖中，毒药和解药也是一体的。这在17世纪的英国传教士杰里米·泰勒（Jeremy Taylor）的格言中得到了呼应："我们杀死蝰蛇，然后将其制成糖浆。"

第四章　可食用的蛇

奇怪的是，尽管人们吃牡蛎、蜗牛、鱿鱼、章鱼、鳗鱼、牛肚、猪蹄以及动物的大脑、睾丸、舌头、肾脏、鼻子和许多其他食物时毫不犹豫，但世界上有一半的人，只要一想到吃蛇就不寒而栗，然后用委婉的语气评论这种恶心的食物："它吃起来有点像鸡肉。"但真的是这样吗？日本的海蛇、塞内加尔的巨蟒、印度的眼镜蛇、意大利的蝰蛇、美国的响尾蛇、巴西的蟒蛇都有着鲜美丰富的肉质。无论是烟熏、烧烤、油炸或发酵，蛇肉在世界各地都演变成了一道道风味独特的菜肴。如果火候拿捏得当，蒸蛇肉的肉质非常鲜嫩，堪比嫩鱿鱼或海螺。亚洲人吃起蛇肉来往往大快朵颐，而西方人习惯蛇肉风味的则不多。然而纵观历史，欧洲、中东和美国的传说都对食用蛇肉表达了崇敬之意，认为蛇肉中蕴含魔法的力量，能让食用者获得非凡的能力。

创作于大约 1200 年的德国史诗《尼伯龙根之歌》（*Nibelungenlied*）中，年轻的战士齐格弗里德（Siegfried）杀死了蛇龙法夫纳（Fafner）后，沐浴在蛇龙的血中，品尝它的血，吃掉它的心。齐格弗里德在吸收蛇龙的血液和心脏时，"解开了世间万物的奥秘"，从此获得了心灵感应的能力，能与鸟类和动物说话。蛇龙这颗心脏赋予了齐格弗里德几乎与苏族神话中的女巫安瑟基拉一样的天赋,使齐格弗里德获得非凡的洞察力,以及绝对的统治力,而蛇龙最珍贵的血液则使原本是盲人的战士恢复了视力。《尼伯龙根之歌》不过是无数个吃了蛇肉以后获得神力的民间传说中的一个故事。虽然可食用蛇看起来只是更宏大的象征蛇的某一个小特征,但可食用蛇的神奇也不可小觑,它们同样能够赋予人类智慧、青春、不朽、健康、性活力、洞彻真理的视觉、超自然之力、第二视觉、心灵感应,以及进入异世界的能力。尽管我们并不清楚这种信仰的起源,但可以确定它最早出现在古埃及。古埃及的太阳神拉每日穿梭在另一条叫作"众神的生命"的蛇体内(似乎是在食用这条蛇),逐渐从与蛇神的战斗中恢复过来。但另一个故事则揭示了为什么"心脏"和"全知全能"是融为一体的:在埃及人的想象中,二者本就是完全相同的概念。渴望成为"全能女神"的伊西斯用她的唾液和灰尘创造了一条毒蛇,并指使这条毒蛇悄悄咬了年老的太阳神拉。之后伊西斯拒绝了拉的求助,直到拉把他那无法言说的神秘力量贡献出来,这力量之源便是他的心脏。当拉同意揭示神秘力量后,他的心脏便飞了出来,进入伊西斯体内,于是伊西斯获得了拉的神力。苏族关于安瑟基拉的传说中,也有关于毒蛇的心脏掌控世界的记载,表明这是一个存在广泛联系的母题。食用蛇的历史也许可以追溯到更久远的时代,但无论它从何时开始,食用蛇的传承是明确的。这些传说故事,无论经过怎样的修改,都再现了上古神话中的蛇作为复生者、摆渡者和治疗者的重要角色。

无论是吃蛇还是被蛇吃，都是新生的开始。世界各地的神话故事中，都有被复活的人从张开的蛇口中走出来的情节。关于咬自己尾巴的乌洛波洛斯蛇还有一个版本的民间传说，认为蛇在遇到危险时会吃掉自己的后代，危险解除后又会把它们吐出来。这个 4000 年前的埃及人记录的故事，出现在 16 世纪英国诗人埃德蒙·斯宾塞（Edmund Spenser）的史诗《仙后》（*The Faerie Queene*）中。在《尼伯龙根之歌》成书前 1000 年，普林尼就提到了龙肉中也蕴含着与蛇肉类似的保护力，并且将这种生物大致归类为"巨蛇"。普林尼认为在龙血中沐浴能治疗百病，并且认为食用它们晒干的脂肪是预防溃疡的有效方法。他还认为，如果龙的幼崽被杀死，母龙仍然可以让幼崽复活。蛇龙在古希腊神话中地位十分显著，它们甚至广泛存在于古罗马人的潜意识中。普林尼将这些传言统统纳入他浩如烟海的自然史中（一本流传至中世纪的医学和炼金术的参考书）。在某种意义上，夏娃的智慧也来自于一条食用蛇，虽然这条蛇提供的不是蛇肉，而是被禁止的智慧苹果。到底知识还是通过吃东西来获得的。公元 1 世纪，提亚纳传教士阿波罗尼奥斯（Apollonius）被许多同时代的学者认为是与耶稣同样伟大的哲学家。他出生在安纳托利亚，是毕达哥拉斯学派的一员。据说他吃了一条蛇的心脏后，就成为一个博学之人。斐洛斯特拉图认为阿拉伯人是先知，因为他们不仅能够破译鸟语，而且常以蛇的心和肝为食。12 世纪，牛津学者兼神秘学家迈克尔·斯科特（Michael Scott）从一条白蛇的"汁液"中获得了智慧。在煮蛇肉的时候，他不小心烫伤了手指。不停地吮着手指的斯科特突然尝到了知识的味道。19世纪的苏格兰人改编了这个传说，使其融入一个小男孩成长为北方先知布罗克达格（Brochdarg）的故事中。有一天，师父让小男孩煮一条白蛇，并警告他不要吃这条蛇。但小男孩还是忍不住用舌尖舔了舔，于是便获得了非凡的洞察力。甚至到了20世纪，苦行僧（如11世纪皈依伊斯兰教的菲利斯）还会表演半吞活蛇，以汲取蕴含在蛇体内的力量。信德人的守护神果戈理·维尔（Gogol Vir）虽然有着人的外貌，但潜意识里却是一条蛇。以至于当一条蛇咬了他时，他却让自己的儿子烹饪并吃掉自己的身体。但没等小男孩张嘴吃煮熟的肉，小偷就抢先一步把肉吃掉，并立即获得了魔力和控制蛇的能力。英国人相信饮用蛇汤会获得超自然的力量，中国人仍然把蛇汤作为一种超自然的灵丹妙药。而霍皮人反而从拒绝蛇肉中获得神启。因为他们视蛇为神的使者，所以严禁食用这种动物。

食用蛇不仅与长生不老药密切相关，还蕴含着永生的力量。在另一个版本的寓言中，从罪恶中诞生、原本生活在"石洞"中、代表"新鲜肉体"的蛇肉，能让食用者获得新生。数千年后，约翰·弗莱彻（John Fletcher）在1625年的英国喜剧《哥哥》（*The elder brother*）中，重新演绎了太阳神拉通过象征性地吞噬蛇的身体而复活的故事。他宣称食用蛇肉能够重获青春活力，以及玩闹的精力。

这里指的不单是一个人的年龄，也包括他的性活力。12世纪在希腊流传的一个故事，讲述了一个患有结核病的瑞典人在一块石头里发现了一种白色液体，然后将其喝了下去。顿时一条大蛇出现在眼前，男子意识到这是蛇的呕吐物，但身体却感到一股奇怪的力量，于是发现自己的病痊愈了。

这些故事中都有上古之蛇的身影：能够转移力量的蛇是上古蛇神的转世，它们重生后成为了让信仰者重获新生的载体；蛇被人食用后，食用者仿佛接触了冥界的向导，从而获得在神域和尘世之间穿梭的能力。蛇血赋予人敏锐直觉，蛇肉赋予人智慧，使人恢复活力、重获青春，这便是全知全能的永生之蛇。尽管这些观念听起来很奇怪，但从未过时。

亚洲人食用蛇不单是为了饱腹，他们也把蛇肉当作一种春药和免疫疗法。作为当代的长生不老药，蛇肉的功效契合了欧美和非洲神话中的许多主题，但这些地区的神话却并未反映出当地的烹饪方式。欧美和非洲的菜肴通常不使用蛇肉，尽管有一些地区，如喀麦隆、阿尔巴尼亚和美国西南部，也有人用蛇肉烹饪。但在亚洲，无论是从越南到中国，还是从新几内亚到印度，蛇都是一种备受喜爱的食物。食用蛇肉一般来自眼镜蛇、环蛇和蟒蛇，并且烹饪方法十分多样。这些菜肴（包括蛇药）是如此受欢迎，以至于蛇的种群数量大幅减少，而老鼠数量则随之几乎翻倍，因此越南等亚洲国家的政府不得不采取控制措施，在1999年叫停了利润丰厚的蛇肉出口。然而这条法规于2003年被废除。许多餐馆老板经营着自己的养蛇场，以避免触犯法律。在亚洲以外的其他地方很难吃到蛇肉菜肴。部分西方城市禁止在公共场所提供蛇肉菜肴，也许是担心饲养的

1986 年，一家蛇餐厅的高级蛇料理。

2003年，一家蛇市。

1986 年，烹饪前剥蛇皮。

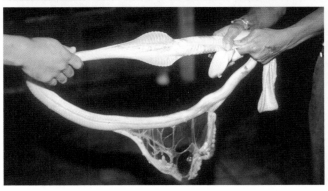

蛇会逃跑。尽管面临着诸多困难，有些地方还是会供应蛇肉给有需要的客户。

日本人喜爱吃烟熏海蛇肉，也会喝原矛头蝮浸泡的清酒，此外日本还是海蛇肉的出口国。大量使用蛇肉的越南菜名气更大，味道也更好。

越南人认为蛇酒有延年益寿的功效，还能够恢复阳刚之气。因而蛇酒备受成年和老年男性欢迎。越南市集、酒吧和餐馆里摆放着大瓶小罐的鲜绿色蛇酒，当地人叫它们蛇毒酒（viperine），可以看到浸泡过的蛇盘绕在容器里面。要酿制这种酒，需要将一条活蛇（或 3 种不同的蛇）浸泡在高浓度的草药酒精中。3 天后，毒蛇体内的蛇毒释放完毕。此时便可将蛇取出，去掉头和内脏，沥干蛇血。之后将其放回 40 度的白酒中，并放置至少 100 天（有时会把蛇一直放在瓶子里）。蛇毒酒是最受越南人欢迎的蛇酒，但其他蛇酒也有着壮阳、改善背痛、风湿、延缓衰老的功效。越南人偶尔还会把蛇烘烤成黄色，干燥后浸泡在酒精中制成蛇酒，只是这种做法的疗效差一些。但最让西方人惊诧的蛇酒叫作 rou tiet ran，酒中还泡着一颗完整的心脏。如果顾客点一杯伏特加（或葡萄酒），会发现酒里面放着还在跳动的眼镜蛇心脏。

西方人偶尔也会喝蛇酒。在美国的一些州也有人会吃蛇肉，特别是响尾蛇，在美国南部和西南部是很常见的美食。常见的做法有烧烤、油炸、制成辣椒、咖喱、炖菜、汤或香肠等，但也有一些充满创意的做法，比如阿根廷肉饺（empañada）里的馅就是用的蛇肉。尽管西方人普遍偏

2004 年，蛇酒。

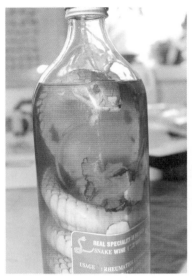

伊甸蛇仍然让人联
想到壮阳的功效：
2003 年，纽约带
着伟哥的时装模特
"亚当"和"夏娃"。

好有嚼劲的口感，但为了品尝到工序复杂的美食也不介意换换口味。有人认为蛇肉最好的做法是小火慢炖。但不管蛇肉是不是地方菜，它终归不是常见的食材。有一个加利福尼亚人坚称自己在十几岁的时候（20世纪70年代），在洛杉矶一家名为Snake-a-Rama的汽车餐厅吃过蛇肉。像眼镜蛇和响尾蛇这样的蛇可以从海外供应商那里订购；需求方大多数是亚裔社区，少部分是有冒险精神的人。在亚利桑那州和得克萨斯州，有人专门饲养蛇满足这类需求。蛇肉价格并不便宜，500克的蛇肉就能卖到40美元。

和蛇其他方面一样，蛇作为一种食材也有各种神奇的名字，从"毒蛇口香糖"到已故的吉他手鲍勃·威尔（Bob Weir）的"蛇油炒菜和异世界锅酱"，一个为纪念老蛇油推销员而起的名字。花纹薄饼（pizelle）是意大利历史最为悠久的饼干之一，这种饼干起源于当地的蛇节，一个庆祝成功将蛇赶出小镇的节日。摩洛哥人会制作一种甜杏仁糕点，叫作杏仁蛇糕（M'hanncha），一种外形模仿蛇的点心。每到8月，印度旁遮普邦的米拉桑人就会用面团做出蛇的样子，并把它带给家家户户。家家户户都会在蛇面里铲几撮土，作为供奉的祭品。而到了9月中旬，妇女会把凝乳供品带到坟墓，剩下的食材则用来填饱小孩的肚子。

第五章　宠物蛇

如今宠物蛇作为一种家居时尚已达到前所未有的高度。但早在新石器时代，蛇就已经是家人、家园和健康的守护者。古希腊人在雅典娜的帕特农神庙里保存着一位守护蛇神的浮雕，据说这是盖亚的蛇之子埃里克特翁尼亚斯（Erichthonius）的转世，与特尔斐蛇神的地位相当。许多国家的民众都会在家里供奉蛇神。而罗马、希腊和克里特人常把蛇当作宠物或者灭鼠利器。人与蛇的联系不止于此。在西非，蛇是先祖的化身，不仅保佑着民众的房屋，还是招财的吉祥物。印度人也常在家里供奉蛇神，会特意留下一碗牛奶供其饮用。美国历史上著名的杀人狂魔查尔斯·曼森（Charles Manson）觉得捕杀蛇是恶业，因而禁止他的追随者在沙漠的斯潘牧场杀死任何蛇。今日希腊的农民仍然会用牛奶引诱野生蛇进入自家房子，认为蛇会带来好运。至今，立陶宛还在每年的 2 月初举行纪念蛇的节日。人们在节日当天摆放各种食物来吸引蛇进入家门，希望它们能吃到自己做的东西。如果自家的食物被蛇吃了，意味着这一年都会得到蛇的祝福。类似地，古爱尔兰人会举办类似现代土拨鼠日的节日活动。冬眠的蛇是文化和火焰女神（Brihgit）布里吉特的侍从，会在每年 2 月的"新娘节"现身，和女神一同揭开春天的面纱。

1998年，英国一条宠物蟒蛇从厕所里爬出来。

　　小说中描绘的蛇常以3种形象示人：流浪者、杀人凶手和守护神。不少都市传说中都包含宠物蛇从邻居的厕所里溜出来，或者蛇藏在邮件包裹或邮箱里准备袭击人类的情节。从某种意义上说，蛇是将凶手和守护者形象融为一体的存在，因为杀了某个人，也许就能拯救主人或主人的朋友。这两个角色在神话中的蛇身上也有所体现，如特尔斐蟒蛇神或北欧的蛇龙法夫纳，以及各种神为复仇派出的蛇军团，他们通过恐吓来保护某样东西。蛇作为宠物，往往会给饲养蛇的主人带来无妄之灾。1913年法国的系列电影《方托马斯》（*Fântomas*）以幻影为主角，一个醉心于恶性犯罪的法外之徒。为了完成常人看来异常困难的任务（对于他而言不过是家常便饭），幻影指示自己饲养的蛇——沉默的刽子手，到处去杀人。最知名的杀手是一条小毒蛇，被悄悄塞进受害人的口袋或床上。受害人稍有不慎就要面临死亡的命运。在1955年上映的喜剧电影《我们不

123

是天使》（*We're No Angels*）中，汉弗莱·鲍嘉（Humphrey Bogart）和阿尔多·雷（Aldo Ray）饰演从恶魔岛逃跑的罪犯。雷带着他心爱的小蛇阿道夫一同逃跑，希望小蛇能在关键时刻派上用场。在电影的最后，小蛇毒死了一直追杀他们的迫害者。由杰克·帕兰斯（Jack Palance）和《艾曼纽》女主角劳拉·格姆瑟（Laura Gemser）领衔主演的意大利电影《黑眼镜蛇》（1976）中，为了给死去的朋友报仇，主角格姆瑟让一条黑眼镜蛇进入一个男人的直肠，宣称这条蛇会吃穿他的身体。可以说这是一次很可怕的复仇了。古罗马时期的民众认为自杀是一种高尚的死亡方式，并且自杀的办法就是主动让蛇咬死自己。克利奥帕特拉是被希腊殖民了300年的最后一位埃及君主，她最后自杀时用的就是这个方法。

20世纪80年代，宠物蛇已成长为一个数百万美元的产业。宠物蛇的价格可不便宜。一对安哥拉蟒蛇宝宝价格高达5000美元，但普通养蛇爱好者只用花60~500美元就能买到一只宠物蛇，如球蟒、日本鼠蛇或奶蛇。蛇宠物爱好者是怎样一群人？可以说什么人都有——无论贫富、男女、少长。不少名流喜欢蛇：鲁道夫·瓦伦蒂诺（Rudolph Valentino）和他的妻子，设计师纳塔查·兰博瓦（Natacha Rambova），养了一条地鼠蛇。生活困苦的人也喜欢蛇：在独居公寓里经常发现非法饲养的蛇。养蛇不再只是某种小众爱好或孩子的玩乐，而是已经成为风行全世界的潮流。有些人养蛇是为了欣赏它们的美，而有些人养蛇则是一种所有权的宣示。

令人惊讶的是，许多毒蛇被当作宠物蛇饲养，包括加蓬咝蝰、响尾蛇、铜头蛇（在美国最常见）和眼镜蛇，等等。有的毒蛇可以获得饲养许可证，但饲养毒蛇通常是非法的，尽管这样的法规执行起来漏洞百出。1999 年，在特拉华州的一间公寓里，一名腐烂的男子被发现时已被致命的毒蛇

一条 10 米长的巨型水蟒吞食了一名男子，随后这条水蟒被当地群众捕杀。

包围。有些人养毒蛇是为了彰显男子气概。20世纪20年代，美国有一名士兵在他的婚床下养了一盒响尾蛇，用他的话说，是为了"让自己更有男人味"。有些宗教团体还会把蛇当作牺畜。有些人还能够训练饲养的毒蛇，这在养蛇圈里显然是很了不起的成就。但即使是饲养无毒的蛇也不代表不会出问题。1997年，一条宠物蟒蛇吃掉了邻居的吉娃娃，这一事件迫使纽约市议会规定所有养蛇的人都必须持有许可证。但还是老问题，这样的规定谁来执行呢？在1996年纽约发生的事件中，一条缅甸蟒蛇把一名少年给吃了，因为少年没有给蛇提供足够的食物。1972年，缅甸一名儿童也因为类似原因被宠物蟒蛇吃掉。

巨蟒和蟒蛇有着美丽的花纹和颜色，是宠物饲养者的最爱，其他无毒的蛇也很受欢迎，如王蛇、地鼠蛇和吊袜蛇。有些蛇主人觉得蛇不需要精心照顾，认为它们很迟钝（尽管有些蛇很活跃），没有情绪反应。但宠物蛇的护理不仅价格昂贵，而且十分耗时。蛇需要有晒太阳的地方，生存的环境里还需要有斑驳的光线。由于蛇不会喘气或出汗，环境不能太热或太干，因此温度必须恒定在20~25℃，还要配备24小时加湿器，每晚还需要手动给蛇喷水。地面需要用垫子或木屑覆盖，还需要安置绿色植物为蛇提供氧气和藏身之处。此外，还需要为蛇准备2米高的攀爬架。如果没有架子，蛇的肌肉会萎缩。有个池子也很重要。所有的蛇都会游泳，大多数蛇都喜欢躺在水里。蛇的笼子需要经常清理。蛇的食物通常是预先杀死的。一方面是为了避免给猎物造成不必要的恐惧，另一方面两者之间的搏斗可能会导致蛇失明。但也有

伦敦动物园宽敞的
爬行动物馆。引自
1851 年 12 月 的
《伦敦新闻画报》。

一些饲养主喜欢看搏杀的场面，在特拉华州发生的事故就是这种情况。当饲养主把笼子打开时，等待食物的蛇一口扑上去把主人咬了。

蛇很容易感染螨虫、蠕虫或寄生虫携带的疾病。在野外，蛇能够抵御这些疾病，但在圈养条件下则完全不同。动物园通常会在室内建造两爬类动物馆，为避免感染，非工作人员不得入内。野生蛇在疾病面前非常脆弱，这促使人们购买农场饲养的品种，这些农场在世界各地都很常见。在家里自己繁殖蛇也并不难。把蛇卵放在盒子里，置于密闭房间中，调节好温度即可等待幼蛇孵化。正如第一章所描述的，外界温度决定了蛇的性别。

圈养状态下的动物往往面临着巨大的心理压力，而大多数动物园的两爬馆都已经上了年头了。蛇馆最早建于 19 世纪末，而今天我们看得到的蛇馆可以追溯到 20 世纪 30 年代，许多蛇馆至今从未翻新过。这些建筑往往过于炎热和干燥，还面临着通风不良、细菌或寄生虫渗透等问题。

两爬馆的护理通常不为公众所关注，但长期忽视总有让人注意到的一天。纽约长岛的一家年久失修的蛇馆，由于大量民众游说，于 2003 年因为条件不达标而被关停。

世界上有许多爬行动物协会致力于蛇保护和科普教育。他们的专业知识从如何捕捉野生蛇（在许多蛇灾泛滥的地区，野生蛇已侵入到人类的居住区）、如何拯救被遗弃的宠物，到科学新发现和立法的变化，涵盖内容非常丰富。许多国际博物馆和研究所都致力于蛇的研究，很多一流大学也在研究蛇的习性和毒液。

第六章　时尚领域的蛇

人们把蛇当作时尚的传统一直延续到了今天，无论是在消遣、宠物、衣服、艺术、美食或搏斗领域，蛇对时尚的影响无处不在。蛇许多丰富的象征遗产已经退化为某种符号意义，但我们对蛇始终如一的痴迷在某种程度上体现了人类文化和思维中十分有趣的一面。时尚蛇虽然不同于宗教蛇，但显然前者是后者衍生的产物。不过时尚领域的蛇看重的并非宗教神性，而是影响力。关于它们的灵感来源于各种古老的印记，如蛇形线、复仇宠物蛇、蛇女妖精、蛇英雄和蛇服装，等等。

因此，如今的时尚蛇已经充满了娱乐要素。它们也许是你我的同伴，某种感官标志，或者迷人的景象。但问题是，这种娱乐性是哪种层面上的？即便是今天，生命和死亡仍然是蛇的经典主题。但经过几个世纪的发展，某些古代蛇已经演化为当代符号。这些符号多少都包含着浪漫的意象，虽然早已偏离了古代蛇的原始含义，但它们对文化的影响非常深远。在当代西方文化中，人们常把蛇同"生命／死亡"或者"男性／女性"联系在一起。从美杜莎的蛇发和狰狞的表情中，我们不难发现一些知名典故：被巨蛇绞死的特洛伊人的先知拉奥孔和他的儿子、死于穴蝰的埃及艳后克利奥帕特拉，以及作为反派在各神话中被打败的毒蛇。时尚蛇还有另一面——那蜿蜒的蛇形线，一个永恒不变的经典符号。这是了解时尚蛇最佳的切入点。

这条曲线包含流动、过程、生命能量和连续性等概念，完美地展现了这一符号的内涵。在有着大约 13 000 年历史的旧石器时代的塔伊牌匾上，蛇形线深刻地展现了其蕴含的哲学思想。蛇形线的外形也影射了宇宙蛇和宇宙。在文艺复兴后期，欧洲绘画逐渐转向弯曲、连续的线条。此后蛇形线在油画、素描、雕塑、建筑、写作和科学中大放异彩。神话蛇作为起始者、创造者、引导者和能量来源，在历史演变中赋予了蛇形线生命。

法国人类学家雷莫·吉迪耶里（Remo Guidieri）认为，建筑有三种基本形式：一是代表延伸的交叉影线，二是代表封闭的圆形，三是表达两者之间的自由运动的蛇形线。最后一种形式在西方 20 世纪的建筑中十分常见，从弗兰克·劳埃德·赖特（Frank Lloyd Wright）设计的纽约古根海姆博物馆到弗兰克·盖里（Frank Gehry）设计的毕尔巴鄂古根海姆博物馆，都体现了蜿蜒扭曲的蛇的形象。安东尼·高迪（Antoni Gaudí）也是一位大胆采用蛇形线的建筑大师。高迪设计的建筑，外观以繁复的曲线而闻名，内部则大量使用了自由流动的 S 形曲线来调整结构重心，这是非常困难的设计。高迪对蛇形线的运用，不仅仅只是出于美学考虑，其中也包含了承重的功能，仿佛是在致敬支撑了整个宇宙的宇宙蛇。

这种建筑美学脱胎于 16 世纪意大利的风格主义运动，后者对建筑、绘画和雕塑中的结构展现有着深刻的影响。

风格主义学派开创了蛇形曲线技法，这些天马行空的造型
大大开拓了艺术的边疆，开启了"艺术至上主义"的时代。
通过切利尼、詹姆博洛尼亚和米开朗基罗等艺术家的作品，
"形式大于内容"的艺术观念得到了广泛的传播。切利尼
创作珀尔修斯，是一尊重心落在一条腿上，手里提着美杜
莎正在滴血的脑袋的赤裸雕像。这尊雕像通过蛇形曲线技
法很好地展现了人体美。

　　虽然多纳泰罗早在15世纪就有了类似的想法，但在

罗马发掘出的拉奥孔和他的儿子们与盘绕的蛇作斗争的雕像改变了一切。这尊雕像卷曲流动的体态深刻地影响了米开朗基罗的艺术创作，他以阿拉伯式蛇图案为基础，创作一种全新的狂野风格。正如乔治·瓦萨里（Giorgio Vasari）所言，他开创的雕像风格"打破了传统的束缚"。米开朗基罗在传统的雕像技法中注入了新的活力，以扭曲而精致的身姿极尽展示了人体雕像的动态之美。风格主义学派的艺术家认为，他们的艺术作品在蛇形线的指导下，已经融

公元 1 世纪希腊雕塑。这组雕像有着明显的蛇形线条，描述的是特洛伊祭司拉奥孔和他的儿子被蛇袭击的场景。

入流动的时间长河之中。而要做到这一点，雕塑家需要在空间的三个维度都能展现出蛇形线的动态感，从而让观众忍不住从雕像的正面、侧面，以及背面观赏。从理论上来说，固定角度观赏已成为过去式。蛇形线在雕像中的运用，不仅激发了人们的观赏热情，更让他们对自己观赏的对象有了更深的印象。观众围绕着雕像移动，时间便在雕像身上留下了痕迹，这件艺术便有了生命力。因此，蛇形线雕像和宇宙蛇有了呼应：蛇形线将生命（意识）与永恒（艺术）连接起来；它将被动观赏转化为主动欣赏（观众更加聚精会神地凝视）；它像印度教的萨克蒂女神一样，在无形之中为观众注入了新的生命意识（观众变得更加兴奋）。

风格主义学派围绕蛇形线理念创作的作品犹如雨后春笋般涌现出来，其中尤以巴洛克和洛可可风格花饰最为显著。英国画家威廉·霍加斯在 1753 年出版的《美学分析》（*Analysis of Beauty*）中，把蛇形线提升到了美学精髓的理论高度，对其不吝赞美之词。一个世纪后，凡·高的波浪式笔触为现代艺术开辟了一条新的道路。甚至如画家安德烈·洛特认为的，"进入了人们的潜意识中"（类似于蛇形线在几个世纪以来所做的）。马蒂斯等将蛇形线纳入色彩理论中，并且主张色彩而非线条才是艺术作品活力的来源。

同样地，蛇形线在文学创作领域也有着不俗的影响。19 世纪法国象征主义诗人斯特凡·马拉梅（Stéphane Mallarmé）在他的作品中非常隐晦地体现了这个概念。他"听到了"蛇形线。斯特凡认为，蛇形线是音乐作用于大脑而产生的影像，因而他希望通过文字的声音，包括头韵和谐音，唤起那种难以言喻的韵律能量。音律上的蛇形线是"完备的"，它是一座兼具危险与优雅的桥梁，连接了大脑中感受未知恐惧和远古记忆的突触，马拉梅将其描述为"在恐惧的认知中飞舞跳跃"。基于同样的原则，他的作品充满了复杂而新颖的节奏，融入了各种短促的元音和辅音。我们脑海中的认知，来源于文字的发音，而非文字的含义；类似地，风格主义的核心在于运动，而非所描绘的主体；而定义高迪建筑风格的，是他对蛇形线的运用，而非繁复的装饰。

所有的绘画和写作理论都认为蛇形线直指艺术核心。虽然上述思想从未见于古代神话中，但它们仍然和神话蛇有着深刻的联系：未知的钥匙、创造力（生命）的源头、跨越时代（时区）的领导者。

有着如此巨大的潜能，时尚蛇在推广过程中不可避免地吸收了蛇形线的魅力。永不过时的蛇形线，有一个特殊的划分。蛇形线本身充满了魅力，时而舒缓人心，时而令人振奋，但大多数时候，包含蛇形线的宣传图像不过是利用了公众对蛇的恐惧和迷恋心理，运用了某些蛇象征的模糊概念：危险、异域风情、性感、禁忌等。这也导致了观众感受到的，与宣传广告试图灌输给观众的理念相互矛盾。广告中的蛇在蛊惑人心的同时，使人"呼吸急促，冰凉侵骨"（引自狄金森的《蛇》）。这种蛇希望达到的效果是，这款产品能够激发那些潜在买家对产品拥有者的惊讶和嫉妒心理，从而产生购买欲。

即使是电视汽车广告也利用了这一心理机制。厂商常

在这张 1934 年的
法国海劳德鞋广告
中，复活之蛇的嘴
再次出现。

把汽车描述为豪华的避世空间，而非只是一个代步工具，
因而汽车广告经常从空中拍摄在蜿蜒的道路上飞驰的画
面。这类广告将自由和刺激的概念融入汽车的操控体验中，
而蛇形的行进路线则给观众带来了情感上的震撼。1934 年
法国皮鞋品牌海劳德的海报，也利用了类似的蛇形线宣传
手法，在顽皮风格的伪装下，透露出品牌典雅的气息。海
报中的蛇盘卷着身子，仿佛随时准备出击，它的背上有血
红色斑点。蛇的头部是鞋盒的样子，从它张开的嘴巴里露
出的两只鞋就像分叉的舌头。海报把蛇塑造得像叼着拖鞋、

蒂凡尼珠宝与完美
的永恒之蛇。

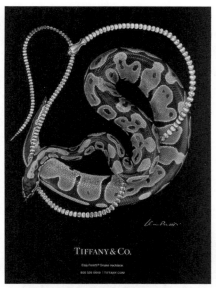

古驰与蛇。

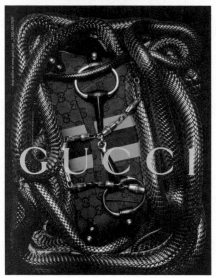

摇着尾巴的小狗，让人觉得它没有那么危险。小狗叼着鞋子的形象给人以舒适感，而蛇的身体则是传递品牌理念的媒介。张开嘴巴的复活蛇，赋予消费者"新生活"的理念，而有幸获得鞋子的买家则能体会到"被蛇咬"的快感。能够将东西或人紧紧缠住的活蛇，才是最让人震撼的存在。珠宝也许是蛇充当推销员最为常见的商品。在2003年的蒂凡尼广告中，蛇那精细的网格和华丽的纹路通过珠宝工艺展现在观众眼前，达到了自然与人工融合的臻美之境。真正了解珠宝内在价值的精明买家，也对其品质有着类似的追求。这则广告唤起了人们渴望蛇守护的"财富"，但只有被选中的和胆子大的人才能获得。设计师汤姆·福特（Tom Ford）在2004年为古驰举办的最后一场时装秀以蛇为主题。福特在杂志上刊登的皮带和肩带皮包广告中，一条蛇围绕着画框。广告整体色调黑暗，场面混乱。尽管福特与古驰合作多年，但古驰最终解除了与福特的合作关系。而这则充满幽闭气氛的黑暗广告，反映的也许是福特对于马基雅维利主义的理解。然而和蒂芙尼的广告所展现的一样，吸引潮流买家的时髦要素始终是蛇传递出的原始气息。广告希望那些小心谨慎的观众能透过广告瞥见珍宝的一隅。

对蛇的恐惧，以及这种恐惧带来的偏见，是所有象征性蛇图的基础，也是当代蛇图从古代蛇图汲取的灵感。恐蛇是一种十分古老的情感。有一句达荷美谚语很好地概况了恐蛇症："曾经有一条蛇咬了我，现在我连蠕虫都害怕。"最近的认知研究表明，人类对蛇的恐惧是能够遗传的。一个生活市中心的孩子，哪怕从来没有见过真正的蛇，只要看到一张蛇的照片，他的大脑活动会比看到一把枪时表现出更大的恐惧。爬行动物学家哈里·格林（Harry Greene）在描述北极犬时写道，尽管北极犬愿意为了保护主人而向任何动物扑去，但它见到蛇时还是会退缩。有的人哪怕只是被无毒的蛇咬伤，也会因过度恐惧而死亡。人在噩梦中最常见到的便是蛇，但对这种现象的解释可谓众说纷纭。世界各地的民间传说都有不少关于蛇的传奇故事：有的蛇会滚成圆圈，追人数千米远；有的会吹口哨，会吞下自己的后代；有的会在晚上挤奶；有一种叫作 chirrioneros 的蛇会跟随来月经的妇女；有的蛇会钻入人的口腔，穿过食道；还有的蛇会杀死正在分娩的妇女。显然，这些传说大多是人类对蛇恐惧的心理投射。流言也会利用这种恐惧。莎士比亚在《辛白林》中说道，"不，那是谣言，它的锋刃比刀剑更锐利，它的长舌比尼罗河中所有的毒蛇更毒"。英文中的"蛇头"，指的是从海外偷运人口的人贩子。如果形容某个人"是一条蛇"或"草丛中的蛇"，则说明这是一个口是心非的人。"怀中有蛇"是忘恩负义的意思，而"蛇卵"则是背叛的信号。

　　　　不妨把一个人想象成一枚蛇卵。
　　　　这枚卵一旦孵化，将会给你带来怎样的危险？

　　这个比喻源于希腊的一则故事。有一个人发现一条冻僵的蛇，他把蛇放在胸前加热，使蛇从冰冻中苏醒过来，结果这条蛇反而咬了他。从巴尔干半岛各国到非裔美国人

138

的民间传说，再到美洲印第安人的民俗故事，都有许多忘恩负义的蛇袭击施救者或贪婪的蛇被勇敢的人智取的故事。在冲浪领域，"蛇行"是一个包含贬义的术语，指代那些离人太近，或者破坏别人浪头的冲浪者。"蛇油"往往让人联想到那些夸夸其谈的骗局，给某人"倒蛇油"则是欺骗某人的意思。这个说法起源于蛇油推销员，他们在19 世纪和 20 世纪初向天真的公众兜售了不少假蛇药。现在，这个词的适用范围扩张到了各种法律欺诈现象，从假药生产到违反校纪校规、宗教诈骗、法律漏洞，再到重要的政治谈判，等等。甚至计算机也利用了这个概念，特别是在伪加密领域。这些和造假有关的说法表明，真正的蛇（不是蛇油）仍以某种隐秘的方式在行使守护的职责。厄运会降临在被蛇"舔过"的耳朵上，因为耳朵被舔的人会成为先知，但成为先知是有代价的。特洛伊·卡桑德拉在阿波罗神庙里睡觉时，她的耳朵被蛇舔了一下，之后她便在 1965 年的迪士尼电影《森林王子》中，蛇是让莫格利着迷的魔鬼。

蛇恐惧症是人类最原始的恐惧之一。在一档真人秀电视节目中，受试者需要在封闭的玻璃球内挑战自我。

在史蒂文·斯皮尔伯格 1981 年的电影《夺宝奇兵》中，有一个很可怕的蛇坑。

面部狰狞的美杜莎，该画面出自德斯蒙德·戴维斯1981年的电影《诸神之战》。

获得了预测未来的能力，但只能预测可怕的事件。据说希腊先知忒雷西阿斯也是被蛇舔了耳朵从而获得预言的能力。如果玩摇骰子的游戏时不幸摇出两个一点，也就是最小的点数，这种情况叫作摇出"蛇眼"。

在1981年上映的电影《夺宝奇兵》中，导演史蒂文·斯皮尔伯格把主角设定为一个患有恐蛇症的探险家。斯皮尔伯格知道观众很容易接受一个怕蛇的英雄，尤其当他面对一个满是蛇的洞，认为自己即将死去时，观众会对琼斯的台词感同身受——"怎么偏偏就是蛇呢？"在英语俚语中，我们常用"蛇坑"来指代疯人院。在阿纳托尔·利特瓦克（Anatole Litvak）1948年的电影《蛇坑》(*The Snake Pit*)中，导演利用摇臂长镜头展现了精神疾病的恐怖，该镜头从正在发疯的病人所在的楼层缓慢上升，最后画面变成数百条扭动的蛇喷涌出来。

蛇发女妖美杜莎的形象早已扎根在现代人的脑海中，以至于在 1980 年的罗吉特词库中，"美杜莎"（medusa）和它的上位词"戈耳工"（gorgon），都成了恐惧的近义词。能让人产生恐惧联想的词还有"布加布"（buga-boo）、"食人魔"（orge）、"稻草人"（scarecrow）和"恶鬼"（hobgoblin）。其他词多少都和童话有关，但"美杜莎"情况不太一样。人们对蛇发女妖感到恐惧，也许是因为弗洛伊德曾将被切断的美杜莎头与男性阉割相关联，也许是出自男性对女性迫害的恐惧。弗洛伊德认为女性的本质是"太监"，也就是生殖器被阉割的男人。也许是出于某种浪漫的认知，弗洛伊德在 1922 年的短文《美杜莎的头》中，宣称砍掉的美杜莎的头象征女性外阴（显然这与希腊神话中美杜莎原本的象征意义相去甚远）。他认为女性外阴的开口代表美杜莎的嘴，月经血则是来自被砍下的蛇发女妖的头颅，卷曲的毛发（蛇发）代表女性被"阉割"的阴茎。在弗洛伊德眼中，外阴既是某种不完备的生物，也是能让人麻醉的死亡杀手。这种认知显然反映了弗洛伊德对于男性阉割的恐惧心理。从弗洛伊德对美杜莎头像的描述中，我们隐约能够看到古老传说的痕迹。但对这些传说的研究表明，弗洛伊德的观点完全站不住脚。相比较而言，荣格把美杜莎视为一个"完整的个体"——一只被漂浮的卷曲细线包围的水母。20 世纪 80 年代，范思哲的设计理念更接近美杜莎最初的含义。他把美杜莎作为自己品牌的象征，宣称他的时尚理念会像昔日的美杜莎一样震惊世人。在范思哲眼里，蛇发女妖回到了其最初的定位——一个能够吸引众人目光，让人心神不安的怪物。

这些关于蛇的种种相互矛盾的情绪，无论有多么异想天开或无聊透顶，都能在艺术表达中拥有一席之地。在过去的几个世纪里，人们常把蛇与阴性联系在一起，大多数时候指的是女性，偶尔也包括男性。有趣的是，尽管传统社会崇尚男性的阳刚之气，对女性百般厌恶，但代表女性原始力量的神话蛇仍然让人趋之若鹜。蛇长期被当作春药，比如龙血树脂，一种从中乔木中提取的红色树脂（据说放在床下可以治疗男性阳痿），或者含有眼镜蛇血的伏特加，亦或者亚洲流行的各类壮阳药中，都有蛇的身影。据说在希腊药神阿斯克勒庇乌斯庙里过夜的女性能够怀上孩子。今天在印度，触摸带有盘蛇图案的纳加卡尔石碑也能让女性怀孕。但蛇多子多福的本事，逐渐演变成了某种性偏见。美国神话学家约瑟夫·坎贝尔认为，蛇之所以能够促进生育，很大程度是因为它的身体像男性的阴茎，嘴像女性的外阴。许多人因此得出结论，蛇恐惧症的根源是我们对阴茎的恐惧。然而，如果形状是恐惧的根源的话，那为什么蚯蚓很少让人联想到阴茎呢？对蛇的偏好性联想表明，人类是出于求子的心态，而非恐惧心理，选择蛇作为崇拜对象的。在《对蛇的崇拜》中（*The Cult of the Serpent*），作者巴拉吉·蒙德克尔（Balaji Mundkur）指出，对于常见的象征蛇，其内涵都与蛇的性别无关。尽管蛇的母题包含生育、昆达里尼，以及性相关概念（如分娩、强奸等），但其他动物也和性有关，如貂、狐狸、兔子、猴子等。毕竟从肉眼判断，我们很难看出蛇的性别。把蛇同阴茎和外阴相关联的形象并不常见，尽管直觉告诉我们不应该是这样。在1969年出版的《符号词典》中，作者让·谢瓦利埃（Jean Chevalier）在"蛇"条目下提到了性别歧视。他假定古代的信仰体系与现代的信仰体系是契合的，那么毫无疑问，蛇的神秘身体则是性别的象征："蛇抛弃了它的阳性的外表，成为了阴性的象征，它能够盘曲、缠绕、挤压、窒息猎物、吞咽、消化和睡眠。"

把笔直或盘绕的蛇想象成某种性别并不困难。谢瓦利埃假定存在一个基础形态的男性，其凶残（掐死、挤压、吞咽）或被动（消化、睡眠）的一面则是由女性代表。然而，谢瓦利埃的偏见在总结女性角色时尤为突出："蛇的女性一面是其隐藏属性，它存在于深层意识，以及地表深处。它神秘而模棱两可，它的决定变幻莫测。"模棱两可和难以预测在宇宙蛇的属性中非常罕见。然而，这是典型的对女性的污蔑之词。显而易见，象征蛇是正邪的复合体。它是激活宇宙的力量，是升华到最高意识的昆达里尼，是邪恶的复活之力和通往神域的通道。

尽管受尽诽谤，蛇沉着冷静的特质本身就体现出其阳刚之气。眼镜蛇、蝰蛇、响尾蛇和蝰蛇在男性名字中很常见。这种起名方法表达了希望自己的孩子能够获得相应动物品质的愿望。通常情况下，蛇的名字和死亡有关，比如战争。但具有讽刺意味的是，蛇的名字中也包含英勇的概念，一种源自生命的力量。2002年，美军入侵阿富汗搜寻奥萨马·本·拉登的军事行动代号为"森蚺行动"，显然是在影射森蚺的活动十分隐秘。美军还以眼镜蛇为直升机蛇充当反派角色：在格兰特·汉密尔顿 1919 年的漫画中，美国共和党（大象）踩死了象征激进主义的蛇。

蛇充当反派角色：20 世纪 70 年代美国旧金山一幅海报，展现了抗议的学生用艺术之枪攻击象征帝国主义的蛇。

命名，而行动小组的名字则叫作蝰蛇。在两次世界大战以
及美国独立战争期间，响尾蛇是战斗部队的标志。20世
纪70年代，绑架了赫斯特媒体女继承人帕蒂·赫斯特的
美国极端组织——共济解放阵线（Symbionese Liberation
Front），就是以一条七头蛇作为他们的标志。蛇也经常作
为敌人的代名词，尽管其解读方式有很多。许多政治漫画
使用蛇作为批判工具，无论批判对象是帝国主义、激进主
义、法西斯、叛乱还是别的什么。有些人畜无害的物品也
会选择用蛇作为标志，如蝰蛇雪地靴、蝰蛇雪地摩托、自
行车架、车漆、热蜡、滚杠、定制投掷刀、日晒床、涡轮
喷嘴、攀爬工具、气垫船套件、文身机，等等。但有些具
有危险意味的产品也会用蛇来代言，如雷明顿蝰蛇步枪或

147

2003 年，一位青年接受舌头分叉手术，期望获得蛇的古老神力。

蝰蛇警车监控器、安全警报或雷达探测器。有一种挂在树上的单向透光的狩猎小屋，也用了蝰蛇的名字。在狩猎小屋的广告中，一个穿着迷彩服的军人，在他"最喜欢的伏击位置"观察着周围的环境。此外，还有口香糖、新奇糖果、增肌粉，甚至家用真空吸尘器都用了蝰蛇作为标志。对于汽车爱好者来说，蝰蛇卡丁车，以及 2004 年的道奇 Viper 和福特野马 Cobra 等赛车都是他们的心头所好。

把蛇作为文身标志，仿佛能让文身者的信念更加坚定。埃里希·纽曼认为，"所有的身体开口——眼睛、耳朵、鼻子、嘴（肚脐）、直肠、生殖器区以及皮肤，只要是内外交换的地方，都是由上古男性神祇演化而来的。"

文身也和这种守护神有某种奇妙的联系。扁平的墨色蛇文身（一个常见但不太受欢迎的标志）是把一个世界引导到另一个世界的标志。最引人注目的图像莫过于 19 世纪卡托巴战士背上的黑蛇文身。蛇文身通常以一种威胁姿态示人，有的文身是猫和蛇的结合体。而另一种城市时尚——割痕文身，将蛇带入了新的领域。分叉的舌头已成为蛇装扮的精髓。

到 19 世纪末，在欧洲象征主义画家的影响之下，蛇成为了致命女性的象征，一种从浪漫主义想象中演化而来，但又背离了浪漫主义想象的角色。英国浪漫主义作家雪莱（Shelley）、济慈（Keats）、柯勒律治（Coleridge）、华兹华斯（Wordsworth）、布莱克（Blake）和拜伦（Byron）在各自时代的作品中使用蛇的意象表达了性和邪恶的主题。人们沉醉于蛇的致命诱惑，这种矛盾而浪漫的情节很大程度上源自古罗马形象。比如，柯勒律治曾把莎士比亚的作品比作"蛇的运动"。在《老水手之歌》（*The Rime of the Ancient Mariner*）中，那条围困主角船只的"可怕"水蛇突然感受到了"祝福"。拜伦称雪莱为"蛇"。雪莱在《致爱德华·威廉姆斯》（*To Edward Williams*）自称是一条蛇，并在《伊斯兰起义》（*The Revolt of Islam*）中将蛇称为"友善之神"，并且把蛇塑造为一个面目不明的救世主。蛇既是复兴的象征，也是唯心主义、唯物主义或原罪的代表。

很多浪漫派人士是悲伤的受虐狂，他们认为这个世界存在着一种崇高而致命的美。他们相信诗意的想象可以穿透平淡的生活，进入空灵之境，而文字能够在超自然和自然之间摇摆。这一派人士在文学创作中，大量利用了蛇的意象探索超自然的边界。美杜莎的头在浪漫派作品中很常见，她象征着死亡与重生、运动与静止、恐惧与崇敬，甚至革命与稳定，所有这些都被束缚在一个兼具永生和死亡的女性生命体之中。珀西·雪莱（Percy Shelley）、沃尔特·佩特（Walter Pater）、阿尔杰农·斯温伯恩（Algernon Swinburne）、威廉·莫里斯（William Morris）、加布里埃尔·德安农齐奥（Gabriel D'Annunzio）和歌德（Goethe）等知名作家都在类比修辞中用到了美杜莎的头，并得出了各自的类比结论。

蛇的主题是如此深刻，以至于德国戏剧家 G.E. 莱辛（G.E.Lessing）在 1766 年写的浪漫主义萌芽论著《拉奥孔：绘画和诗歌的极限》（*Laocoon: An Essay on the Limits of Painting and Poetry*）中，将蛇纹描述为促使一个人行动的跳板。莱辛以拉奥孔和他两个儿子的悲惨故事为他的作品命名，但他的想法源自那尊让米开朗基罗都激动不已的希腊雕塑。莱辛对痛苦经历之于艺术创作的必要性持怀疑态度，他认为即便这种经历是必要的，一件作品的艺术价值在文学和雕塑领域并不适用同一个标准。接受痛苦是"生命的体验"这一观念后，莱辛意识到文字是更好的创作工具，因为无论绘画还是雕塑，都只能描述某个静止的瞬间，永远不能真正表达活着的生命。尽管拉奥孔雕像试图展现富有节奏变化的人物，但毕竟雕像是不会动的，也就谈不上还原真实。而文字是自由的媒介，能够在痛苦（拉奥孔的实际感受）和美（艺术和生活间的转换）之间自由穿梭。文字不仅承载了声音，而且能够展现动作在时间层面的顺序。文字是时间的一部分，而非它瞬时的快照。它们非常适合呈现一个生活的场景，因为它们一直在那里。尽管拉

埃及艳后的蛇曾经
是净化罪恶的象征。

奥孔雕像因其动态的形象而闻名于世，也因其对困苦无所
作为而受人批评，但雕像与蛇形线类似，都展现了对"此
在"的思考。对莱辛而言，雕像的蛇形曲线并不能唤起自
己对现实生活的感受。莱辛有两个主要艺术理念——"时
间是生命的尺度"和"艺术是生命动态的永恒"。这两大
理念不仅是蛇作为时间动物的主要属性，也符合莱辛在美
学讨论中对运动和时间的定位。和风格主义流派类似，这
种流线形态很容易让人联想到远古的蛇。这些艺术观念在

多大程度上展现了古代信仰，我们无从得知，但作品中展现出的理念是真实存在的。也许蛇形线早在旧石器时代就已经有了丰富的内涵。蛇形线的存在，促使人们思考动作的本质，以及动作在抽象层面的意义。

雪莱在 1819 年发表的诗《在佛罗伦萨画廊的列奥纳多·达·芬奇的美杜莎》中，用蛇形术语阐释了美杜莎与美的关系，并将美杜莎描述为"可爱得有如恐怖的疾风骤雨"。这句描述在视觉上很好地展现了美杜莎的蛇发。虽然雪莱诗中的观点是基于劣等的怪物而非半神之力，但他对历史悠久的蛇崇拜心理有自己的解读。雪莱认为，蛇的古老神力存在于"暴风雨""可爱""恐怖"等字眼中，因为它们与许多人类情感存在联系，而蛇崇拜一定是在信徒中产生的。这种彼此冲突的情感，启发了 19 世纪的"致命女性"概念，以及 20 世纪"女性对男性的诱惑有如失去生命力的毒蛇"的观念。

作为堕落和性原罪的象征，漫画作品中的蛇往往和浪荡的女性高度绑定。许多历史作品都描绘了绝望的克利奥帕特拉抱着凶残的穴蝰死去的景象，无疑契合了堕落和性原罪的主题。到了 18 世纪，克利奥帕特拉成为了另一个经典的致命女性形象，一个将世界玩弄于股掌之中的荡妇，迷失在享乐主义之中，最终走向了自我灭亡的结局。但这一形象与自古以来人们对埃及艳后的看法有着明显区别。在 15 世纪，克利奥帕特拉象征着勇敢的殉道者。露西·休斯·哈利特（Lucy Hughes-Hallett）在埃及艳后的传记中写道，克利奥帕特拉的自杀是一场自我救赎，改变了人们对其淫妇的认知，因为"只有贞洁的女人才是好女人，而只有死了的女人才能保持贞洁之身"。早期的基督徒认为，蛇杀死埃及艳后的行为本质上是在净化她堕落的本性。乔叟认为埃及艳后是一位拥有美德的女人，她为宫廷之爱而死，这在中世纪的欧洲被认为是最高礼遇。虽然但丁把埃及艳后扔到了地狱里，薄伽丘咒骂她贪婪无度，但对斯宾塞来说，埃及艳后虽然举止"放肆"，但却有着一颗"高尚的心"，而莎士比亚则认为埃及艳后是一位令人钦羡的人物。导致埃及艳后死亡的穴蝰扮演的是救赎者的角色，让前者在死亡后获得了赎罪与净化。

这种净化的作用在 19 世纪中期消失了，而蛇、死亡、性和致命女性的结合体变成了重度厌女症的标志。布拉姆·迪杰斯特拉（Bram Dijkstra）在宣扬"女性邪恶"概念的著作《变态偶像》（*Idols of Perversity*）中指出，女性和蛇在 19 世纪欧美男性的想象中是一体的。在那个时代，"蛇形""蜿蜒"和"类蛇"这类词已经被人用滥了。女性"为男性提供幻想，反过来又要承受男性的责难"。从痛苦或恐惧的情绪中产生的浪漫之美，在弗南德·克诺普夫（Fernand Khnopff）、费利西安·罗普斯（Félicien Rops）和弗朗茨·冯·斯塔克（Franz von Stuck）等画家的冰冷作品中，变成了一种只具有破坏性的残酷诱惑。这些画家笔下的年轻女性眼睛直视前方，一副胜利者的表情。她们有的与蛇缠绕在一起，有的与从肚脐露出的触手缠绕在一起。作品中透露出男性不安躁动的情感。女性对画家的吸引力是致命而纯粹的，并不涉及救赎或变容的概念。女性像吸血鬼一般

一条蛇手镯，由阿尔方斯·穆查为莎拉·伯恩哈特设计制作。

吞噬着男性。这一时期，雪莱作品中对美杜莎的热情描绘早已消失不见，取而代之的是对女性的病态恐惧和欲望。

乔治·麦克唐纳（George MacDonald）1895年出版的小说《莉莉丝》（*Lilith*）借鉴了这一流行观念。他在书中融入了前夏娃时代的蛇鸟女神，并且以奇怪的方式将蛇鸟女神与蛇捆绑在一起，作为救世主以及宇宙的邪恶化身。在这本书中，有一只"蠕虫"从燃烧的壁炉里爬出来并进入莉莉丝的心脏，从而复活了莉莉丝。作为"宇宙中心的火种"，这只虫子"向莉莉丝灌输了善与恶的观念，以及她自己的身份"。莉莉丝和毒蛇是一体的，因为"她的本体就是燃烧的火焰"。作为一个破坏者，莉莉丝受到的诅咒是，"生命之光"不再照亮她的意识。而在文化重建过

154

程中，莉莉丝的形象早已偏离了创世蛇神。

19世纪末期的"致命女性"艺术风潮，描绘的是沉迷在声色犬马之中的女性。她那超自然的致命诱惑（参见地狱使者的形象）来自与蛇有关的外在特征（比如活蛇缠身，佩戴蛇纹发带、手镯或臂章等）。她对男性的仇恨延伸到了神圣父权秩序。英国文学家斯温伯恩对这些象征着混乱无序的"致命女性"可谓爱恨交加，形容她"美得超越欲望，残酷得无法言喻；比天堂更美丽，比地狱更可怕；不在乎荣耀，亦无人伦纲常；她对上帝和人类表达无声的愤怒；透过她清晰而苍白的面容，一种压抑感油然而生"。

在20世纪初，这位"致命女性"被搬上了大荧幕，

2002年，一名穿着蛇珠宝衣服的模特复刻了这一吸血鬼形象。

她长长的黑发飘逸在幽灵般的皮肤上，她"清晰"的五官闪闪发光，她的爱慕者依然地位卑微，她的徽章仍然有蛇形标志。但当电影公司不小心"透露"这位"致命女性"是一个吸血鬼时，其象征含义就有了新的解读。她身上的蛇属性和吸血鬼属性变得模糊不清。毕竟被二者咬伤都是致命的。虽然吸血鬼起源于欧洲，但这一形象已经风靡全世界。智利阿劳坎人信仰的 Pihuechenyi 神是一条长着翅膀的蛇，会吸食在森林里过夜的人的血。这种可怕的能力反而提高了电影中女妖的地位，在其原本恶毒的形象中融入了让人头晕目眩的性感要素。到 1915 年，"吸血女鬼"的称呼变成了"吸血鬼"。公众对这个恶魔角色的宣传愈发邪乎，甚至有人对她的形象产生了生理上的恐惧。这种源于施虐受虐的吸引力使这个角色成为了公众愤怒的焦点，而吸血鬼的第一位扮演者蒂达·巴拉（Theda Bara），其形象气质和这一角色也十分般配。巴拉在电影中充分展现了好莱坞对古代生活的理解，她画着黑色的眼圈，穿着埃及女奴的衣服，身体半裸，戴着配有活蛇的蛇形珠宝或者将散乱的头发做成蛇形线条。蛇曾经是至高无上的象征，如今却成了性感刻奇的标志。

虽然吸血鬼外形十分狂野，但她却无法在室外生存。奇怪的是，上古时期的家庭、健康、时间守护蛇神反而和吸血鬼有些类似，后者作为居家女性，被描绘成家庭的颠覆者。这些受到蛊惑的受害者要么独自一人，要么成群结队地在闺房、客厅或酒店房间里接受吸血鬼的招待。在这个与外界隔绝的空间里，吸血鬼掌控着一切。她的热情不过是逢场作戏，而在她温柔的眼神中，掩藏着致命的陷阱。1919 年上映的意大利电影《章鱼》(The Octopus) 生动地展现了这一危险。这部电影将默片天后弗朗西斯卡·贝尔蒂尼 (Francesca Bertini) 变成了一条人工饲养的蛇，而她的爱人则变成了一只老鼠。20 世纪 20 年代，纵情声色、阴险狡猾的女人成为了大银幕的绝对主角。甚至在前卫的法国电影制片人杰曼·杜拉克 (Germaine Dulac) 1921 年的电影《无情的美人》(La Belle Dame sans merci) 中，那位交际花的手上也戴着传说中的蛇手镯。在鲁道夫·瓦伦蒂诺 (Rudolph Valentino) 第一部大获成功的电影《血与砂》(Blood and Sand, 1922) 中，尼塔·纳尔迪 (Nita Naldi) 送给男主角的蛇戒指（这枚戒指曾经属于埃及艳后），表面上是两人爱情的象征，但实际上却是女主角对男主角的奴役。在节奏缓慢的情节剧《眼镜蛇》(Cobra, 1922) 中，"眼镜蛇"纳尔迪在道德层面"杀死了"瓦伦蒂诺。尽管从未明示，蛇女的电影中常见到一条装饰性的蛇变成半裸女性的情节，而观众一眼就能看出来这个套路。为了与时代思潮保持一致，这部电影把欲望变成了坟墓，把婚外情描述为由女性主导的侵略行为。这些女性很少因为犯下的罪行而受到惩罚。她们毫无怜悯之心，也不对任何事物感兴趣。尽管如此，为了拥有蛇所代表的优雅、性感、冷漠以及危险的气质，瓦伦蒂诺仍然选择把眼镜蛇作为他的个人象征，无论是烟盒、珠宝还是汽车上都有蛇装饰。1922 年，诗人 T.S. 艾略特 (T.S.Eliot) 在《荒原》中描写了一个神秘女性，她能通过她蛇一般的头发进行奇怪的活动：

美国 19 世纪的银
蛇罐壶，由蜿蜒的
蛇形线构成。

20 世纪 20 年代，
勒内·拉里克的蛇
纹玻璃花瓶。

20 世纪 20 年代十
分流行的埃德加·
勃兰"眼镜蛇"镀
金青铜和大理石落
地灯。

一个女人紧紧拉直她黑长的头发，在这些"弦"
上弹拨出低声的音乐，长着孩子脸的蝙蝠在紫色的
光里，嗖嗖地飞扑着翅膀，又把头朝下爬下一垛乌
黑的墙……

充满力量感和视觉冲击力的蛇形线，通过诸多作品中
致命女性这一角色被充分地展现出来，不禁让人联想到上
古时代女蛇神的全知全能以及充满诱惑的形象。这种崇敬
心理在潜移默化中奠定了蛇作为诱惑男性的文化标志。

吸血鬼在装饰艺术时代消失了，取而代之的是她的对
立面：一个瘦小、平胸、短发、胸怀抱负远离家乡的女性。
然而，这条令人生畏的蛇并没有就此消失。尽管这位致命
女性早已离去，你仍然能从屋子里的物件感受到她的气息，
如蛇纹珠宝、家具、餐具、衣服，等等。19 世纪，维多利
亚女王的蛇纹订婚戒指让这一标志走进了千家万户。随着
蛇和致命女性的联系愈发明显，带有蛇纹装饰的物品也越
来越受欢迎，比如盒子、针、戒指、手镯、项链，等等。
珠宝设计师勒内·拉里克（René Lalique）尤其喜欢蛇纹造
型。他设计的作品，比如盘蛇造型的雾化玻璃花瓶，或者
一枚镶有蛇的黄金胸针。埃德加·勃兰特（Edgar Brandt）
把落地灯设计成一条站立的蛇，闪烁的舌头抬着球状灯罩。
在 20 世纪 20 年代，这种设计成为了灯具的经典造型。

在上述物品中，我们都能辨认出古老的大女蛇神，甚
至有的物品还描绘了大女蛇神从王夫体内吸取血液的场
景。和女蛇神一样，20 世纪 10 年代到 20 年代流行的女王

和吸血鬼形象，不仅存在于陆地上，也存在于宇宙中。她的身体介于肉欲和神圣之间，而蛇是她的护身符。世间万物都屈服于她的伟大。贪婪的致命女性是"三位一体"女神的冥府使者。正如史前蛇神乌洛波洛斯是所有概念和时间的主宰，致命女性则掌控着"室内"，作为控制宇宙的一个缩影。浪漫派人士的作品中保留了部分致命女性的生命能量，但之后的符号主义者则把她描绘得死气沉沉。到了 20 世纪初，致命女性的影响力逐渐转移到冥府。

　　不过，除了这些病态的描绘之外，这一时期的蛇女形象并没有丢失史前蛇神亦正亦邪的特质，而是以深刻的方式影响了艺术的各个领域。可以说，这一形象的魅力在诸多蛇形线作品中延续下来。蛇形线就像能够驱邪的美杜莎头和令人兴奋的蛇形曲线技法一样，在守护和堕落两个极端之间摇摆。由此可知，女性化的蛇形线与气质阴郁的致命女性一同崛起，而她那"可爱得有如恐怖的疾风

骤雨"的形象大大丰富了 19 世纪的文化。而对这一形象
的痴迷在 20 世纪拓展到了新的领域：舞蹈。20 世纪 20 年
代，舞蹈家艾达·鲁本斯坦（Ida Rubenstein）在舞台上绑
着木乃伊绷带进行演出，在舞蹈过程中她会像蛇一般把绷
带解开。艾达的表演是基于 19 世纪末美国舞者洛伊·富
勒的"蛇形舞"。在洛伊的舞蹈表演中，她和伴舞穿着飘

161

动的长袍，在不断变化的彩色泛光灯舞台上来回奔跑，而衣服上的透明纱网随着音乐的节拍起起伏伏。突然富勒消失在穿着纱网的伴舞中，霎时间一条古老的"雌蛇"出现在舞台上：富勒的舞蹈动作协调统一，完全和蛇融为了一体。这一舞蹈引起了巨大的反响，以至于电影制片人杜拉克将其当作电影的先驱，认为它是第一种完全由动作和光影的操控产生的艺术。当前的电影理论家，如汤姆·冈宁（Tom Gunning），也认同这一观点。因此可以说，19 世纪的蛇女与洛伊·富勒的舞蹈，仍然是女蛇神在艺术层面上的延续。富勒的舞蹈重新诠释了致命女性的内涵，让人联想到永生、冷酷、可怕、致命、永恒等概念。作为后来的舞蹈和电影的启蒙者，富勒的蛇舞很好地展现了恶魔、重生、繁衍、活力等主题。承载了两个极端的蛇女在本质上是性的象征，亦诠释了死亡和生命的概念。这种明显的蛇形象征艺术在 20 世纪 30 年代逐渐衰落。演员玛琳·黛德丽（Marlene Dietrich）不需要任何道具就能告诉观众她是一个美女杀手。在 20 世纪 40 年代和 50 年代的黑白电影中，女性角色不再需要装扮得像动物一般，但蛇女形象依然出现在了其他重口味电影中。这回蛇女没能逃脱惩罚，她要么被人杀死，要么成为卑微的家庭主妇。这些电影有的只是隐约能看到蛇女的影子，如剧作家普雷斯顿·斯特奇斯（Preston Sturge）1941 年的性喜剧《淑女伊芙》（*The Lady Eve*）；有的则把蛇女直白地展现出来，比如 1944 年由罗伯特·西奥德马克（Robert Siodmak）执导，玛丽亚·蒙特兹（Maria Montez）主演的坎普风电影《蛇蝎美人》

（*Cobra Woman*）。在电影《淑女伊芙》中，自信的骗子芭芭拉·斯坦威克（Barbara Stanwyck）以天衣无缝的骗术进入到胆小的爬行动物学家亨利·方达的生活中。虽然亨利自称"蛇是我的毕生所爱"，但芭芭拉仍然像蛇女那样成功引诱了亨利。不过真正体现芭芭拉老练的地方，还是在于她周全的犯罪行动（亨利显然是她的"小白鼠"），直到芭芭拉向亨利坦白。而结婚后的芭芭拉，只不过是寻常的人妻而已。《蛇蝎美人》这部电影大体上和《便宜货》（*Schlock*）一个套路——有主见的女性角色遭到贬低，而人妻的角色受到追捧。在《便宜货》中，蒙特兹扮演孤岛上的一个邪恶蛇女王。她的死亡命运和她即将结婚的双胞

女人和蛇的性感是相通的：在罗伯特·罗德里格斯1996年的电影《杀出个黎明》中，一名色情舞者变成了一条蛇。

胎妹妹形成了鲜明的对比。

无论是什么主题，毒蛇电影通常都围绕着民间传说中对性、女人、健康、邪恶之眼、虚假联盟、融为一体的两极和诅咒的描写。在西德尼·富里（Sidney Furie）的超低成本的电影《蛇女》（*The Snake Woman*, 1960）或鲍里斯·卡洛夫（Boris Karloff）主演的《墨西哥蛇人》（*Mexican Snake People*, 1970）中，都展现了高高在上、举止怪异、亦正亦邪，带着美杜莎那恶魔般眼神的女性角色。虽然这类角色只是为了吓唬观众而存在，但每一个角色都有与治疗相关的情节（比如用毒液作为治疗精神错乱或心脏病发作的药物）。

到了 20 世纪 70 年代，蛇在电影中变成了性剥削的载体。这一象征意义直到今天仍然流行，从电影院到流媒体中都能看到其身影。劳拉·贾姆瑟（Laura Gemser）主演的《黑眼镜蛇》（*Black Cobra*, 1976）是一部发生在香港顶级公寓的软色情电影，但电影中与蛇有关的情节，可以追溯到几千年前人们对蛇的认知：性感女性、老太太、复仇之蛇、恋人分手和报应等。在电影中，一个温柔的蛇舞者（曾经由一个老妇人指导）被昔日情人拒绝后，利用蛇完成了一场谋杀。肯·罗素（Ken Russel）指导的《白蛇传说》（*The Lair of the White Worm*, 1988）和雷德利·斯科特（Ridley Scott）的科幻电影《银翼杀手》（*Blade Runner*, 1982）中也有蛇女的戏份。电影《白蛇传说》是基于布拉姆·斯托克（Bram Stoker）的世纪末小说改编的，电影中有一位把自己伪装成了贵族的半蛇女祭司。在《银翼杀手》（*Blade*

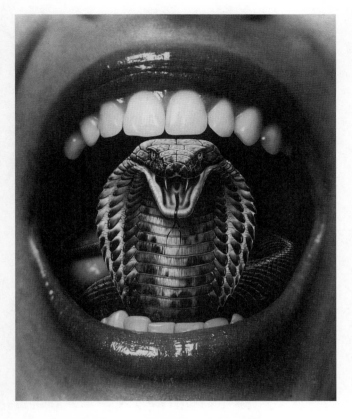

这条蛇出现在伯纳德·科瓦尔斯基1973年的恐怖电影《变形蛇魔》中。

Runner）中，则有一位女性机器人带着一条假蛇表演滑稽剧。这两位女性角色最后都死得很惨。

　　当传统意义上的蛇女形象从电影中消失后，她以新的形式回到了大荧幕中。20世纪90年代的电影，如《狂蟒之灾》和《狂蟒之灾2》（詹妮弗·洛佩兹主演），展示了被性感女性环绕的蛇怪。2004年的续作也有类似的套路。这些电影中都有等待被主角打败的蛇怪。通常主角是一群

城里人，加上一个一个经验老到的角色（可能是一个酒鬼）。他们出于娱乐或别的什么目的，乘船沿着河流进入一个遍布蛇的偏远地区。经过一系列的搏斗，蛇怪最终被消灭。《狂蟒之灾》系列电影反映了那个时代的某些特点，比如故事的重点放在浪漫而非情色元素，以及女主角拯救男主角的情节，其中还涉及制药公司的戏份。1993年上映的《青蛇》中，张曼玉饰演的是一条拥有法力的蛇变成的美丽女性。这一影片反映了古老的蛇神话：张曼玉的角色十分性感（如同20世纪20年代那些诱惑男人的女性角色一样），她还扮演了治疗的角色。她不仅在昆仑山上找回灵芝将许仙从死亡中拯救出来，还能翻云覆雨、掌控天气。张曼玉扮演的青蛇是集邪恶与善良、同情与冷漠一体的复杂角色。在罗伯特·罗德里格斯（Robert Rodriguez）的《杀出个黎明》（*From Dusk till Dawn*,1996）中，有一位性感舞者变成一条蛇的情节，但这只是为了营造某种奇怪而难以

166

捉摸的氛围。

　　无论电影中有没有女人，出现被打败的蛇总是一个最受欢迎的套路。蛇可以很小，也可以很大。电影《变形蛇魔》（*Sssssss*, 1973）描绘了一个注定要和自己饲养的怪物一同灭亡的科学疯子。他把自己的助手变成了一条眼镜蛇。到了 21 世纪，这场人蛇斗争转移到了网络空间。网络空间就像一个平行宇宙，这里也有蛇的身影。2004 年，Mydoom 蠕虫病毒席卷了互联网，这是一种毁灭性的计算机病毒，能够轻松摧毁整个系统。这一名字来源于 worm（古英语 wyrm 和古高地德语 würm，两者都是蛇的意思）。尽管很少有人知道它的起源，但显然神话中的蛇依然存在于人们的意识中。"蠕虫"往往让人联想到原始的盲蛇，如在《异形魔怪》（*Tremors*, 1990）和《沙丘》（*Dune*, 1984）等电影中描绘的巨兽。这个形象不仅让人恐惧，也预示着胜利，比如击败兰姆顿蠕虫、法夫纳·乌尔姆和混

1969 年，鲁道夫·
纽瑞耶夫穿着一身
时髦的蛇皮衣服。

沌之蛇。被击败的宇宙蛇，仍然出现在基督教圣乔治杀死
巨龙的标志上，并活跃在 Mydoom 蠕虫病毒之中。有些时
候，被打败的蛇会转变为不败之蛇。美国的响尾蛇象征着
殖民地居民坚韧不拔的品质。在独立战争期间，有些兵团
在旗帜上写有"不要踩我"的字样，下方还画有一条响尾蛇。
得克萨斯州的州旗也有类似的图案和标语，警告外界如果
侵犯该州，该州人民必将反击。本杰明·富兰克林于 1751
年 9 月发表的《宾夕法尼亚公报》(*Pennsylvania Gazette*)
上，画有美国象征爱国主义的蛇的前身，一条被切成 8 段
的蛇。标语上写道："要么加入，要么死亡。"

　　但真正不知疲倦的蛇存在于科学领域，在宏观的物

168

理学和微观的生物学中蓬勃发展。"虫洞"是宇宙中进行时空旅行的捷径，能够将物体从一个时空传送到另一个时空。它的英文名字中包含"蠕虫"这一概念，显然是在致敬其古老的源头——一条"蠕虫"将彼此分割的两个时空联系在一起。虫洞穿越离散边界的特性，和玛雅人的跨越天地万象的幻象蛇非常相似，这一概念反过来也印证了最新的弦理论，该理论认为时间是联立的，只被多孔的膜隔开。杰里米·纳比（Jeremy Narby）对宇宙蛇的解读完全不同，他认为史前宇宙蛇象征的是 DNA（一种螺旋状的生命物质），所谓的宇宙蛇只是用神话术语对科学现象的描述。他在诸多关于蛇的神秘传说中找到了分子生物学的线索，比如通过 X 射线扫描澳大利亚土著的绘画，他发现这些描绘神圣动物的绘画作品中出现了他所谓的"生物影像"，如 DNA 的双螺旋、染色体形状等。纳尔比认为，让人躁动不已的萨满幻视其实并非幻觉，而是萨满让人从分子层面看到"生命的本质"或"灵魂"。这些微观体验之后被渲染为一条宇宙蛇。而起源于新石器时代，在欧洲和亚洲流传的卷曲双蛇杖，也和 DNA 的螺旋结构很类似。千百年来，无数的证据表明蛇一直是人类探索奥秘的起点和想象力的源泉，这并不是一个疯狂的理论。

但最能体现这一点的，还是人类服装上的蛇元素。蛇皮服装在 20 世纪 20 年代到 50 年代备受追捧。1967 年，前卫的英国设计师奥西·克拉克（Ossie Clarke）在一个旧仓库里发现大量蛇皮后，利用这些材料带起了一股蛇皮风潮。奥西在夹克、皮带和衣服中大量使用蛇皮。1969 年，他穿了一件用狐狸毛皮装饰的蟒蛇外套，1973 年则穿了

马龙·白兰度在
西德尼·卢梅特
1959 年的电影《逃
亡者》中饰演冥后
安娜·马格纳尼的
王夫——穿着蛇皮
衣服的瓦尔。

尼古拉斯·凯奇在
大卫·林奇 1990
年的电影《我心狂
野》中，扮演一位
20 世纪 80 年代穿
着蛇皮衣服的叛逆
英雄。

一条蛇皮连体裤，将这一风潮推到了新高。到了 21 世纪，时尚复古界又吹起了蛇风。只是这次的主角是蛇纹珠宝。蛇纹印花或蛇雕遍布于各种配饰之上，如钱包、皮带、帽子、鞋子（如运动鞋和高跟鞋）等，而衣服用料也少不了蛇皮。汤姆·福特在告别古驰的时装秀上展出了镶有珠宝的蛇纹礼服以及不对称拼花的薄绸、蛇皮、珠子和皮毛制品，在剪裁风格上采用的是黑色调的致命女性风——低胸无袖长衫。这些设计反过来也呼应了 20 世纪 10 年代早期的性感礼服。1912 年，服装设计师克莱尔·韦斯特（Clare West）为女演员格洛丽亚·斯万森（Gloria Swanson）设计了一套充满异域风情的"致命女性装"。格洛丽亚·斯万森穿的这身礼服，袖子上嵌有不对称的蛇皮、毛皮和珠子。

男装也不乏蛇元素。2003 年，蛇皮印花的男士西装开始出现在街头。但对这种西装风格的解读却有许多可能。希腊习俗认为蛇皮（特别是眼睛完好无损的蛇皮）能够像美杜莎的凝视一般击退邪恶之眼。今天的蛇皮男装也许展现的正是这一习俗，尤其当穿着它的男性是一位悲惨的叛逆英雄时，比如西德尼·卢梅特根据田纳西威廉姆斯的舞台剧《奥菲斯沉沦》（Orpheus Descending）改编的电影《逃亡者》（Fugitive Kind）就是如此。这部电影复刻了奥菲斯神话，后者讲的是主人公勇闯地狱，以复活死去的爱人的故事。在《奥菲斯沉沦》中，主人公试图拯救一个与镇上垂死大亨结婚的女人，剧中这个男人则是冥界之王的化身。而在影片中，马龙·白兰度饰演四处漂泊的浪子瓦尔·夏威尔。一身蛇皮夹克不仅体现了他的主角光环，也暗示着他作为冥界蛇女的王夫的身份。在约翰·卡彭特（John Carpenter）1981年的未来恐怖幻想电影《纽约大逃亡》（*Escape from New York*）中，由库尔特·拉塞尔（Kurt Russell）饰演的普林斯肯中校，外号就叫"普林斯肯蛇"（Snake Plissken）。作为一个独来独往的反英雄人物，地狱是他的归宿。只是电影中的地狱为法外之地曼哈顿岛，岛上有一个戒备森严的大型监狱。普林斯肯的任务是从监狱中拯救出爱喝牛奶的娘炮总统（由唐纳德·普莱森斯饰演）。在大卫·林奇（David Lynch）的《我心狂野》（*Wild At Heart*, 1990）中，另一个离群的浪子尼古拉斯·凯奇穿着蛇皮夹克，和女朋友一起经历有如地狱一般的流浪之旅。这类叛逆角色在辛普森动画中也能找到。动画中有一个长相英俊的年轻小偷，名叫斯内克（Snake），是监狱里的常客。他留着猫王的发型，一口时髦的口音，穿着20世纪50年代坏男孩街头服装（卷起的袖子，牛仔裤和T恤），右臂上还有一大块文身，文的是一条张开嘴的蛇。斯内克把监狱（地狱）当成了栖身之所。

这类反叛英雄人物可以追溯到早期希腊。哈里森指出，随着父权制取代古希腊的社会制度，人们崇拜的英雄从女性逐渐转为男性。尽管历史上女英雄的墓地仍然受人崇敬，但新的女英雄不再出现。而新时代的男性英雄（比如能够跨越生死的大力士赫拉克勒斯）继承了女英雄以及蛇的诸多品质。蛇英雄，本质上是一个死亡英雄，不仅是那个时期传奇人物的映射，也继承了女蛇神作为冥府掌控者的地位。12世纪的蛇英雄也有类似的气质。他们藐视死亡，与社会格格不入，所作所为常徘徊在生死之间。

在20世纪的致命女性形象中，动物的一面逐渐减少，

蛇作为力量之源：在一个彩陶器表面，画有一位玛雅祭司（神）举起一条大蛇，公元8世纪，危地马拉。

2003年，纽约的一幅街头涂鸦，画的是一条张开嘴的蛇。

蛇作为力量之源：小甜甜布兰妮在一场表演中抬着一条蟒蛇。

性感的一面也消失了，取而代之的是顺从的青春少女形象。1982年，摄影师理查德·阿维顿（Richard Avedon）拍摄了一组明星纳塔西娅·金斯基（Natassia Kinski）被巨蟒包裹的照片，但整体形象却是青春少女的风格。2004年3月的《时尚先生》封面也采用类似的风格——布鲁克·希尔兹（曾经的童模）披着一条绿色的蟒蛇。瘦小的臀部和虚弱的嘴唇，这几乎是毒蛇女的对立面，不惧威胁，温柔可人。这样的形象传递的信息并不明确。这是要向男人表明那个充满诱惑的毒蛇女已经死了吗？但在2003年的音乐电视颁奖典礼上，情况似乎并非如此。歌手布兰妮穿着奴隶女孩的衣服，把一条白色蟒蛇扛在肩上。这一装扮也许展现的并不是对爱神的追求，而是在模仿玛雅祭司使用蛇的神圣姿态，也许是为了表达女性在流行音乐世界中的地位。

但是蛇英雄似乎已经取代了致命女性，尽管是以一种压抑的方式。但蛇英雄和致命女性都是艺术创作的人物，他们并非凡人，游走在生死之间。反英雄常穿着蛇皮衣服，取和蛇有关的名字，带着仪式假面，穿着奇装异服，总是渴望参与一些被禁止的活动。相比较而言，致命女性往往把自己打扮成动物但二者却是协调统一的。反英雄闯荡冥府，在旅途中会经历种种磨难，而致命女性本身就是冥府的掌控者。她从容地走向死亡，似乎从不为悲伤所困扰。

无论象征的是男子气概、厌女症、美丽还是失败，象征蛇并非只会"安静地躺着"任人涂抹。蛇所承载的浩瀚的历史，赋予了蛇图丰富而深刻的内涵，尽管内涵会随着历史进程而发生变化。代表全能女神的宇宙蛇和经典的蛇形线永远不会消失。它们早已融入人类文化当中，扭转了人们对蛇的偏见。蛇的荣耀与恐惧，都是我们所珍视的。本书中探讨的所有观念，都是基于蜿蜒的蛇形线。无论是S形、Z形还是螺旋形，蛇形线已伴随我们走过千万年。比起其他任何事物，它是如此令人兴奋，又如此令人心旷神怡，没有什么符号比蛇形线更吸引人了。但这是为什么呢？蛇形线是秩序的象征，而秩序是所有文化准则中最受推崇的。此外，蛇形线的动态，是一种源自新石器时代，甚至是旧石器时代的乌托邦式理想，直到今天仍然受人追捧。蛇形线让我们一窥宇宙的奥秘。蛇形线的连续性、线性、活力和多维特性，简洁而准确地描述了时间和空间。蛇形线蕴含了蛇象征的终点——融合：把时间、空间、元素、对立、共生等概念有机地融合为一体。无论过去还是现在，蛇形线始终代表着变化。蛇的物理形态作为空间主体，从最早的神话开始，便汇集了宇宙的各个部分，调和了生与死、健康与疾病、死亡与永生等相互冲突的概念，连接了当下与远古时期。尽管在印度、美国、欧洲、中东、亚洲和非洲的战斗神话中，蛇担当的都是被消灭的角色，但新生命、新秩序、新世界总是能从它的身体中诞生。万物被蛇吞噬后，它们的灵魂便能获得重生。食用蛇的心脏，能够获得千里眼。蛇肉能让时光倒流，使人重拾青春。因为有了蛇的存在，生死才能不断循环，秩序才能终结混沌，而形态变化、返老还童、物质重组与结合才能发生。

　　似乎没有什么是蛇做不到的。蛇存在于物质和精神层面。正如地球上任何一种地形地貌都有蛇生存，象征蛇也存在于任何一种玄学之中。它存在于幻觉空间、网络空间、量子空间和生物空间。从100多年前物理学家凯库勒认识到苯环结构到今天，蛇仍然促使是人类思想不断前进的起始点。在人类新的发现、猜想和类比中总能找到蛇的身影。只要追溯当代蛇图的历史根源，我们便会发现神话时代的宇宙蛇从未消失。

让我们向蛇形线致敬。愿蛇形线长存！

蛇的时间线

约公元前1亿年	约公元前2300万年	约公元前15 000年	约公元前11 000年
蛇出现蜥蜴的特征，细长的身体，高度敏锐的感觉器官，极短的四肢和小眼睛。	蛇的时代：蛇的演化树开始分化出更加高级的毒蛇。	旧石器时代的人类会在动物骨头上雕刻蛇纹图案，这可能是萨满日历中用来记录的符号。蛇在致敬树枝或植物（生命象征）的仪式中，象征着四季变化。洞穴壁画中出现多个之字形图案。	记载了阳历/阴历的塔伊牌匾，以蛇形线的顺序阅读。其中可能记录了神话蛇的创世过程，以及蛇作为时间之主的抽象概念。

约公元前900年	约公元前600年	约公元前458年	约公元前200年	约公元前100年	约公元1000年
《创世纪》把蛇描绘成邪恶的力量。	在特尔斐神庙里的盖亚以及巨蟒皮同，被阿波罗篡位。	埃斯库罗斯的《奥雷斯泰亚》记载了在蛇文化引导下的母权社会向父权社会的转变。	汉尼拔的生物武器：向敌人投掷装有毒蛇的瓦罐。	库库尔坎，羽蛇神的前身，幻象蛇的化身，是玛雅（和中美洲）形而上学哲学和王权的核心。	波斯书籍记载以蛇为药引的方子，能够治疗各种疑难杂症（如麻风病）和蛇咬伤。

1922年	1952年	1959年	1969年	20世纪70年代	1972年
弗洛伊德把美杜莎被切断的蛇头比作女性外阴和男性被阉割的恐惧。	荣格把无意识称为"拉弥亚"，一种人首蛇身的女怪。	西德尼·卢梅的电影《逃亡的那种》塑造了一种穿蛇皮的反英雄的男性形象。	英国设计师奥西·克拉克穿着拖地的蟒蛇皮外套，掀起了蛇皮风潮。	人们开始研究毒液中酶对各种疾病的疗效，如老年痴呆症、中风、癌症等。	全球范围内的蛇皮交易禁令。

公元前 3100 年	公元前 3000 年	公元前 2000 年	公元前 1500 年
最早有文字记载的神话将蛇描述为至高无上的宇宙力量。苏美尔人史诗《洪荒世界》将创世描述为由女神提亚玛特激活原初之水。埃及创世神话也有类似的记载。	在中国神话中，蛇尾人身的伏羲和女娲是文明的起源，社会规则（特别是婚姻）的建立者。	印度教的吠陀经中，至高无上的毗湿奴"躺在蛇的下摆处"。关于蛇、生命之树、长生不老药、生命草药的故事比比皆是。	米诺斯文明有驯蛇人和女蛇神崇拜的传统。以色列人出埃及时期，摩西带着一根缠绕铜蛇的杆子。

约 1500 年	1753 年	1837 年	约 1890 年	1913 年
意大利风格主义学派，特别是米开朗基罗，把蛇形曲线技法尊为至高无上的艺术线条，并围绕它建立了一种新的艺术哲学。这套哲学影响了之后几个世纪的艺术，成为了当代绘画和写作的基础。	威廉·霍加斯在《美学分析》中称赞蛇形线是美学的典范。	意大利科学家费利克斯·丰塔纳写了一篇关于蛇毒液的论文。通过这篇论文，人们第一次认识到毒液可以凝结血液。	欧洲画家把致命女性描绘成裸体的、披着蛇的超自然女性。蛇失去了其模糊的浪漫色彩，成为了女性性欲的载体。	法国系列电影《千面人方托马斯》（Fântomas）以幻影为主角，一个懂得利用无声的宠物蟒蛇杀人的犯罪高手。

1982 年	约 1990 年	1999 年	2002 年	2003 年	2004 年
理查德·阿维顿拍摄了明星纳塔西娅·金斯基被巨蟒包裹的照片。这张海报引起了巨大的反响。	蛇怪电影，如《异形魔怪》和两部《狂蟒之灾》都是当时的热门大片。	越南禁止了蛇出口贸易，以保护蛇的种群数量。	美军入侵阿富汗，在"森蚺行动"中搜寻奥萨马·本·拉登的藏身之处。	越南解除蛇出口禁令。在 MTV 颁奖典礼上，歌手布兰妮·斯皮尔斯带着一条大型白化蟒蛇演出。	Mydoom 蠕虫病毒，一种破坏力巨大的计算机病毒，席卷了整个互联网。在美国、印度和东南亚地区，崇拜蛇的宗教仍然存在。

致谢及其他

感谢莱斯利·迪克（Leslie Dick）、戴安娜·刘易斯（Diane Lewis）、杰瑞·利恩（Jerry Leen）、布莱恩·普莱斯（Brian Price）、特雷尔·塞尔脱兹（Terrel Seltzer）、马里恩·斯坦乔夫（Marion Stancioff）、安吉拉·德拉·瓦基（Angela Della Vacche）给予的建议和支持。

参考书目
相关机构
相关网址
图片版权声明